少年中国科技·未来科学➕丛书【第一辑】

在天宫种粮种草

航空航天篇

(演讲)
欧阳自远/
杨元喜/陈宏宇 等

格致论道／编

CTSK 湖南科学技术出版社
国家一级出版社 全国百佳图书出版单位

图书在版编目（CIP）数据

在天宫种粮种草 / 格致论道编． -- 长沙 ： 湖南科
学技术出版社，2024.3
（少年中国科技·未来科学＋）
ISBN 978-7-5710-2780-3

Ⅰ．①在… Ⅱ．①格… Ⅲ．①航天站－青少年读物
Ⅳ．①V476.1-49

中国国家版本馆CIP数据核字（2024）第048405号

ZAI TIANGONG ZHONGLIANG ZHONGCAO

在天宫种粮种草

编　　者：格致论道
出 版 人：潘晓山
责任编辑：刘竞
出　　版：湖南科学技术出版社
社　　址：长沙市芙蓉中路一段416号泊富国际金融中心
网　　址：http://www.hnstp.com
发　　行：未读（天津）文化传媒有限公司
印　　刷：北京雅图新世纪印刷科技有限公司
厂　　址：北京市顺义区李遂镇崇国庄村后街151号
版　　次：2024年3月第1版
印　　次：2024年3月第1次印刷
开　　本：880mm×1230mm　1/32
印　　张：5.75
字　　数：120千字
书　　号：ISBN 978-7-5710-2780-3
定　　价：45.00元

关注未读好书

客服咨询

编委会

推荐序

近年来，我们国家在科技领域取得了巨大的进步，仅在航天领域，就实现了一系列令世界瞩目的成就，比如嫦娥工程、天问一号、北斗导航系统、中国空间站等。这些成就不仅让所有中国人引以为傲，也向世界传达了一个重要信息：我们国家的科技水平已经能够比肩世界最先进水平。这也激励着越来越多的年轻人投身科技领域，成为我国发展的中流砥柱。

我从事的是地球化学和天体化学研究，就是因为少年时代被广播中的"年轻的学子们，你们要去唤醒沉睡的高山，让它们献出无尽的宝藏"深深地打动，于是下定决心学习地质学，为国家寻找宝贵的矿藏，为国家实现工业化贡献自己的力量。1957年，我成为中国科学院的副博士研究生。在这一年，人类第一颗人造地球卫星"斯普特尼克1号"发射升空，标志着人类正式进入了航天时代。我当时在阅读国内外学术著作和科普图书的过程中逐渐了解到，太空将成为人类科技发展的未来趋势，这使我坚定了自己今后的科研方向和道路，于是我的研究方向从"地"转向了"天"。可以说，科普在我人生成长中扮演了非常重要的角色。

做科普是科学家的责任、义务和使命。要想做好科普，就要将人文注入大众觉得晦涩难懂的科学知识中，让科学知识与有趣的内容相结合。作为科学家，我们不仅要普及科学知识，还要普及科学方法、科学道德，弘扬科学精神、科学思想。中华民族是一个重视传承优良传统的民族，好的精神会代代相传。我们的下一代对科学的好奇心、想象力和探索力，以及他们的科学素养与国家未来的科技发展息息相关。

　　"格致论道"推出的《少年中国科技·未来科学＋》丛书是一套面向下一代的科普读物。这套书汇集了100余位国内优秀科学家的演讲，涵盖了航空航天、天文学、人工智能等诸多前沿领域。通过阅读这套书，青少年将深入了解中国在科技领域的杰出成就，感受科学的魅力和未来的无限可能。我相信，这套书将会为他们带来巨大的启迪和激励，帮助他们打开视野，体会科学研究的乐趣，感受榜样的力量，树立远大的志向，将来为我们国家的科技发展做出贡献。

欧阳自远

中国科学院院士

推荐序

　　近年来，听科普报告日益流行，成了公众社会生活的一部分，我国也出现了许多和科普相关的演讲类平台，其中就包括由中国科学院全力打造的"格致论道"新媒体平台。自2014年创办以来，"格致论道"通过许多一线科学家和思想先锋的演讲，分享新知识、新观点和新思想。在这些分享当中，既有硬核科学知识的传播，也有展现科学精神的事例介绍，还有人文情怀的传递。截至2024年3月，"格致论道"讲坛已举办了110期，网络视频播放量超过20亿，成为公众喜欢的一个科学文化品牌。

　　现在，"格致论道"将其中一批优秀的科普演讲结集成书，丛书涵盖了多个热门科学领域，用通俗易懂的语言和丰富的插图，向读者展示了科学的瑰丽多彩，让公众了解科学研究的最前沿，了解当代中国科学家的风采，了解科学研究背后的故事。

　　作为一名古生物学者，我有幸在"格致论道"上做过几次演讲，分享我的科研经历和科学发现。在分享的过程中，尤其是在和现场观众的交流中，我感受到了公众对科学的热烈关注，也感受到了年轻一代对未知世界的向往。其实，公众对科普的需求，对科普日益增加的热情，我不仅在"格致论道"这一个新媒体平台上，而且在一些其他的科普演讲场所里，都能强烈地感受到。

　　回想二十多年前，我第一次在国内社会平台上做科普演讲，到场听众只有区区几人，让组织者感到很尴尬。作为对比，我同时期也在日本做过对公众开放的科普演讲，能够容纳数百人甚至上千人的报告厅座无虚席。令人欣慰的是，随着我国经济社会的发展，公众对科学的兴趣越来越大，越来越多的家庭把听科普报告、参加各种科普活动作为家庭活动的一部分。这样的变化是许多因素共同发力促成的，其中一个重要因素就是有像"格致论道"这样的平台持续不断地向公众提供优质的科普产品。

再回想1988年我接到北京大学古生物专业录取通知书的时候，连这个专业的名字都没有听说过，甚至我的中学老师都不知道这个专业是研究什么的。但今天的孩子对各种恐龙的名字如数家珍，我也收到过一些"恐龙小朋友"的来信，说长大以后要研究恐龙。我甚至还遇到这样的例子：有孩子在小时候听过我的科普报告或者看过我参与拍摄的纪录片，长大后选择从事科学研究工作。这说明，我们日益友好的科普环境帮助了孩子的成长，也促进了我国科学事业的发展。

与此同时，社会的发展也给现在的孩子带来了更多的诱惑，年轻一代对科普产品的要求也更高了。如何把科学更好地推向公众，吸引更多人关注科学和了解科学，依然是一个很有挑战性的问题。希望由"格致论道"优秀演讲汇聚而成的这套丛书，能够在这方面发挥作用，让孩子在学到许多硬核科学知识的同时，还能够帮助他们了解科学方法，建立科学思维，学会用科学的眼光看待这个世界。

徐　星
中国科学院院士

目录

在天宫种粮种草

郑伟波
中国科学院上海技术物理研究所研究员

不知大家有没有想过，我们如果有一天可以去太空旅行或者移居到太空，会遇到哪些问题？最先遇到的可能是食物问题和健康问题。

如果只是短期太空旅行，食物可以由地球运到太空，而如果是长期太空旅行，我们就要考虑在太空中种植各种植物、饲养各种动物，以满足我们对食物的需求。

太空指地球大气层以外的宇宙空间。太空是接近真空、微重力环境，这里几乎没有气体分子，宇宙辐射也很强，和地球环境有很多不同之处。如何在太空培养动植物呢？我们有机会在"天宫二号""实践十号"和"天舟一号"上开展了一些生命实验。

天舟货运飞船

天舟货运飞船（左）与"天宫二号"空间实验室（右）的组合体模拟图

在太空中种植植物

我先介绍一下如何在太空中种植植物。我们在"天宫二号"上开展了拟南芥和水稻的种植实验，其目的是研究微重力环境对植物生命节律的影响。植物生长需要光、空气和水。太空中没有空气，也没有水，能从地面运上去的资源也非常有限，该怎么种植植物呢？

实验的具体流程为：火箭发射前将生物样品（也就是拟南芥和

水稻的种子）放到一个装置里，再将装置放到"天宫二号"上，随之发射入轨；"天宫二号"在轨时，我们通过地面遥控启动实验，并让实验按照我们的要求开展；"天宫二号"返回前把整个实验"冻结"起来，避免地面环境影响实验结果。

在"天宫二号"上，水稻和拟南芥的种子都被放在高等植物培养箱中，高等植物培养箱的体积只有300毫米×300毫米×400毫米。水稻和拟南芥要培养一年，而每个培养单元只能储存约300毫升水，也就是半瓶矿泉水的量。因此，从地面带上去的水远远不够。

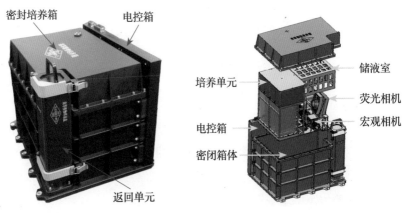

"天宫二号"高等植物培养箱

我们想到可以构建类似地球大气圈的水循环：地表水蒸腾并升入空中，然后遇冷形成雨水，再落回地面。但是，要想在太空中构建水循环，缺少一个环节，因为太空是失重环境，"雨水"形成后无法落回土壤。于是，我们利用毛细现象把冷凝形成的水通过毛细管送回土壤。这样，300毫升的水完全可以满足植物一年全生命周期的培养需求。

解决了水的问题还远远不够。我们送上太空的是植物的种子。在地面，种子埋在土壤里，只要为它浇水，有合适的光和温度，它

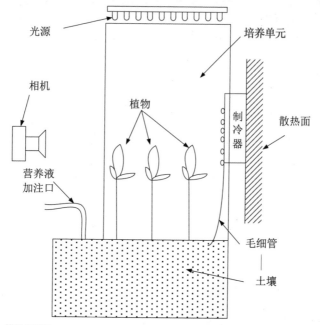

光源

培养单元

相机

植物

制冷器

散热面

营养液加注口

毛细管

土壤

模拟水循环

就能萌发。但在太空中，情况要复杂得多。因为太空中水和空气很难相互分离，水难以落进土壤，土壤里的空气出不来，加多少水也不好控制，种子如果全部浸没在水中，就会被淹死——天地之间的差别一直困扰着我们。

后来我们想到，还可以借助毛细现象把注入土壤的水引走，让种子露出来呼吸，通过这种方法让种子萌发。然而，因为地面存在重力，这种方法很难在地面验证。我们不断摸索并请力学专家进行计算，在有了一定把握后，决定把种子送去太空试一下。

2016年9月15日，水稻和拟南芥的种子随"天宫二号"发射入轨，8天后实验启动。说实话，那时的我们都有点儿忐忑不安，种子能否萌发，我们心里还没底。

实验启动5天后，拟南芥的种子冒出了小芽。20天后，水稻的小芽也顶着晶莹的水珠冒了出来。看到种子萌发，我们真的非常开心，悬着的心终于放了下来。

太空环境对植物有很多影响。如右图所示，中间的植物是从太空带回来的，两边是在地面生长的。直观来看，从太空带回的植物的花骨朵比在地面生长的植物的多得多，像满天星一样。

太空环境对植物的影响

此外，拟南芥在地面一般只有四五十天的寿命，而"天宫二号"上的拟南芥在太空中生长了400多天，寿命长得多。科学家们正在分析出现这些现象的具体原因。

在太空中培养胚胎

除了种植植物，我们还在太空中进行了干细胞和胚胎的培养实验。胚胎由受精卵多次分裂而成，是生命的起点。胚胎的体外培养比细胞培养复杂，因为胚胎更敏感，对环境的要求更高。

在地面上，胚胎可以完成从分裂到着床、发育成子代的过程，但在太空中，哺乳动物能否完成早期发育呢？科学家们想知道答案，因为在未来，无论是人类还是其他动物都必然会在太空中完成早期发育。

那么胚胎的培养实验是怎么做的呢？首先，要构建适合胚胎发育的、类似于小鼠母体子宫的环境。构建这样的环境非常困难，失败一直是家常便饭。我们想了很多办法，比如用超声洗、清水冲洗以及各种浸泡方式，尽量把环境中的杂质清除掉，但都失败了。

后来，我们向厂家了解培养箱的生产工艺过程，发现厂家会在

构建胚胎发育环境

注塑过程中加一点儿脱模剂，它很难在后续的处理过程中清理掉，会影响胚胎的发育。了解情况后，我们便通过抽真空的方式，令吸附在培养箱表面的脱模剂挥发，最后成功构建出适合胚胎成长的、类似于小鼠子宫的环境。

美国和日本科学家们都做过类似实验，但没有成功。我们不但成功了，而且把胚胎在太空中的整个发育过程用显微图像记录了下来，科学家们可以看得非常清楚，这对科学研究很有帮助。

小鼠胚胎从解冻到形成囊胚需要96小时，这个过程不可逆且不可中断。虽然卫星平台允许我们在发射前24小时进行安装，但在24小时内胚胎有可能已经开始发育，从而影响对微重力发育过程的研究。

所以我们跟卫星平台交流，希望安装时间尽可能晚一点儿。但那时火箭已经开始加注燃料了，推迟安装意味着要冒一定的风险。后来卫星平台允许我们在发射前8小时进行最后的安装，把胚胎样本装到实验装置里，再装到卫星上。

对页上图是小鼠胚胎细胞在太空中的变化。在太空中，小鼠的胚胎从两细胞分裂成四细胞、八细胞……逐渐形成囊胚。

这个实验证明在太空中小鼠胚胎能够完成发育。但发育过

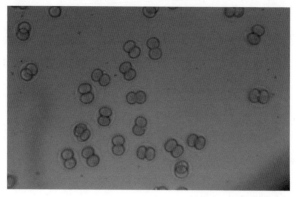
太空中小鼠胚胎细胞发育

程会受到一定的影响，科学家们正在通过基因组分析探究具体的影响。

在太空中发育形成的囊胚被植入小鼠母体后，是能够发育成小鼠的。我们在地面做了这个实验：将在培养箱发育形成的囊胚植入小鼠母体，小鼠真的出生了。

干细胞太空实验

"实践十号"干细胞箱

"天舟一号"生物反应器

我们还在"实践十号"和"天舟一号"上开展了干细胞实验。干细胞非常神奇，它不仅能自我复制，还能分化成各种各样的功能细胞，比如心脏细胞和组成其他器官的细胞。干细胞研究一直是热点，科学家们想了解干细胞能否在太空中正常地分裂和分化。为此，我们开发了"实践十号"干细胞箱和"天舟一号"生物反应器来进行实验。

"实践十号"干细胞箱主要用于开展造血干细胞和神经干细胞在太空中分裂和分化的实验。下图为太空中的神经干细胞，脱离了重力的约束后它们变得非常活跃，长出了大量用于抓住细胞以形成神经组织的轴突，看上去像八爪鱼一样。这个现象非常奇妙，我们在地面做了很多比对实验，都没有看到这样的现象。

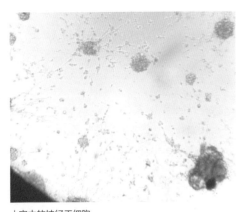

太空中的神经干细胞

我们还在"实践十号"上放置了家蚕培养箱、植物培养箱、高级植物培养箱等，以开展其他实验研究。

我们在"天舟一号"上开展了骨细胞和其他干细胞的分裂实验。在太空中，宇航员可能会因骨质流失而患上骨质疏松。这究竟是因为成骨细胞的分裂变慢了，还是因为破骨细胞的分裂变快了？为搞清楚原因，我们在太空中进行了实验。

除此之外，我们还研究干细胞的分化，比如胚胎干细胞能否在太空中完成向心肌细胞、肝脏干细胞或生殖细胞的分化。我们在"天舟一号"上配置了6台显微镜以观察相关实验。

在太空开展生命实验主要有两种手段：一是监视太空中生命体

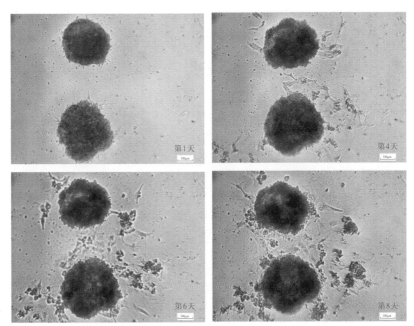

骨细胞在太空中的分裂

的细微变化，监视手段多种多样，用显微镜观察就是其中之一；二是把动植物或细胞的太空实验样本带回地面，科学家们再对其进行进一步分析。令我印象深刻的是，"实践十号"返回的时候已经是夜晚12点了，我们立刻把样品分

解出来。科学家们对此非常重视，连夜从内蒙古四子王旗赶到北京进行分析。

地球是我们的家园，但我们终将走出地球，进入太空。正所谓"兵马未动，粮草先行"，我们需要开展多种多样的太空生命实验。希望这部分内容能够激发大家对航天探索的兴趣，也希望大家未来能够加入我们的研究队伍。

思考一下:

1. 在太空中种植植物面临哪些问题？研究人员是如何解决的？

2. 在太空中培养胚胎和干细胞的实验遇到了哪些问题？

3. 在太空中进行生命实验的意义是什么？

演讲时间: 2018.9
扫一扫，看演讲视频

实验柜

太空实验的关键角色

张璐
中国科学院空间应用工程与技术中心研究员

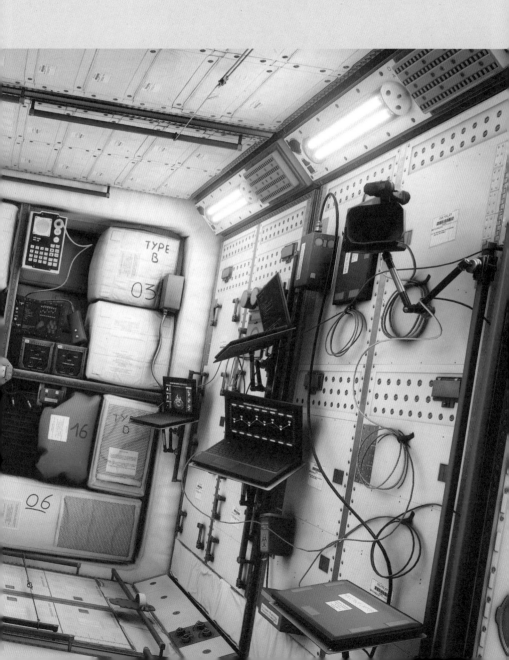

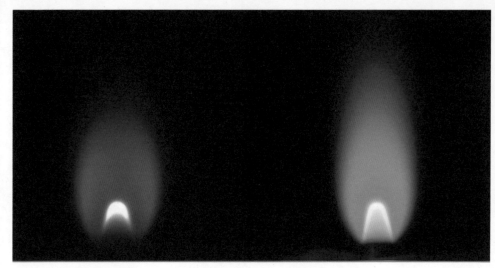

太空点火（左）和地面点火（右）

2021年是中国空间站的建设元年。2021年4月29日，天宫空间站天和核心舱发射上天，今年下半年，我们的问天实验舱和梦天实验舱也会陆续上天。届时，它们将形成三舱组合体的形态。

为了建成我国的太空实验室，我和我的团队研制了用于太空实验的科学实验柜。大家可能会问：为什么我们要去太空做实验？地面上有很好的设备和条件，为什么一定要在太空做实验呢？其实，在太空中和在地面上做实验有很大的不同。

为什么要去太空做实验？

我们来看两个例子。上图是我们进行的点火实验，右侧是我们在地面上用我国的燃烧科学实验柜进行的点火实验，左侧是在空间站里进行的点火实验。从这两个实验中，我们可以看到，火焰的形态和燃烧的特点都大不相同。

对页是我们在"天宫二号"上进行的高等植物生长实验。实

太空实验（左）和地面实验（右）

验采用了天地比对的方式：除实验地点外，所有的实验条件都是一样的，包括光照、湿度、温度以及种子的批次等。但是，实验结果的差异非常明显。

"天宫二号"的水稻叶片上出现了非常明显的吐珠现象。更有意思的是，不管是水稻还是拟南芥，它们在太空中的寿命都比地面上的长得多。通过前面的两个例子，我们来总结一下为什么要去太空做实验。

首先，空间站能够提供长期的微重力环境，这里的关键词是"长期"。因为在地面上我们可以利用落塔或抛物线飞机构建短时的微重力环境，但只有在空间站或者空间科学卫星中，我们才能获得长期的微重力环境，从而进行一些生命科学以及其他需要长期微重力环境的研究。

其次，空间站内的亚磁、辐射等综合环境能够让我们看到一些新的生物学、物理学现象。通过对这些现象的研究，我们有望了解一些基本的物质规律，并据此改善人类在地面上的生产或生活活动。

最后，相比于其他形式的空间探索，在空间站上做实验的明显优点是有人参与。航天员可以非常方便地进行实验操作和操控，并且实验样品和生活物资也能很方便地进行交接。

那么，我们要如何在太空中做实验？我们已经有了科学卫星、神舟飞船，以及"天宫一号""天宫二号"这样的太空实验室，在这些实验任务中，我们做的更多的是单个项目的、单一载荷的科学实验。但是，进入"空间站时代"后，每个科学实验柜都相当于一个综合性实验室。在科学实验柜里，我们既可以从事单一学科的科学研究，又可以进行多学科、交叉领域的科学研究。每个实验柜都不仅仅用于做一两项科学实验，还可能会承担几十项，甚至几百项科学实验，这极大地增加了我们进行太空实验的机会。

像建房子一样建造实验柜

我们先来认识一下空间科学实验柜。这是国际空间站，大家可能会觉得里面非常零乱：有很多纵横交错的线缆、管路和光纤。此外，每个实验柜形状不一，我把它们称为"异姓兄弟"。出现这种情况的原因是，在前期设计时它们只进行了简单的约束，缺少统筹，也就是缺少集体规划。

中国空间站看起来非常整洁，而且每次航天员到达之后或者离开之前，都会将它打扫得干干净净。

为什么两个空间站会

国际空间站

有这么大的差别？这是因为在初期系统设计时，我们先提炼了所有科学实验系统的共性技术（涵盖结构安装、电子学及热控需求），并据此开发了一套基础支撑系统，确保每个实验柜的基础支撑部分基本相同，这使得我国的空间实验柜看起来就像"亲兄弟"。而实验柜用于科学探索的部分，则由我们的科学家团队负责研制，这样可以根据具体的科学目标和需求进行个性化定制。

实验柜基础支撑系统

基础支撑系统里非常重要的部分就是实验柜的主结构，我们将其称为"实验柜的房子"——所有的科学设备都要装在这间"房子"里面。上图就是这间"房子"，它看起来就像一个很普通的柜子或架子，但是科学家给我们提出了一个难题：它要既轻便又牢固。

然而，轻便和牢固这两个概念本身就是矛盾的：如果要求柜体轻便，那它就很容易做得不牢固。科学家为什么要求"轻便"呢？因为他们希望柜体可以尽可能多地装载科学设备，以便进行更多的科学研究。

为了满足科学家对柜体"既轻便又牢固"的需求，在实验柜建造初期，我们先进行了材料的选型。针对实验柜结构上不同位置的需求，我们要选择一些既轻便，整体结构的刚度、强度又比较高的材料。

针对每种材料的连接关系，我们都要进行相应的分析，保证它能够满足火箭发射或者地面力学试验的一些边界条件。基于这些边界条件，我们进行了几百次甚至上千次仿真和力学试验。

2016年年底，整个柜体的构型基本满足了科学家的要求，它能够满足13个不同的科学实验系统的结构安装、供电接口、散热接口等的设计要求。我们以为结构设计已经完成了，但非常不幸的是，2017年"长征五号"遥二火箭发射失利，而"长五"系列火箭正是我们用于发射空间站的火箭。因此，尽管基础支撑系统已经定型，但是我们又进行了一轮减重设计，再次进行仿真试验。我们在柜体上设计了很多镂空的部分，以减轻重量；我们还对局部进行了加固，来保证柜体既轻便又牢固。结构本体质量从109.7千克减至97千克，载荷/结构承载比超过国际同类设施的2倍。正是通过以上设计调整，我们满足了发射以及科学家对实验柜的要求，成功地将其送上了太空。

调整后的柜体

我们利用实验柜背部的狭小空间，将常规的电子学电缆网以及气体、液体管路集中放在这里。这种做法类似于装修中的走暗线。我们还设置了许多通用接口，以保证整个系统看起来干净整齐。

"房子"有了，我们就要考虑中控和散热的问题。实验柜控制器也是基础支撑部分里非常重要的一部分。它相当于"中控室"，负责整个实验柜的供配电、通信、遥测以及其他资源调度。

然而，不同科学家在做实验时使用的科学载荷[1]不同，如用电时间、持续功率等都各有差异。而且天、地之间用电的差异很大：在地面上，用多少电都可以；但在轨时，一个实验柜最多只能提供1500瓦功耗，且需要进行动态的功耗分配。

如何满足科学家对不同科学实验的需求呢？我们开发了小型化且可靠性高的动态功率分配与管理技术。利用这种技术，实验柜就可以动态地通过数字化技术对用电进行自主调节：当任何一个设备

---

[1] 科学载荷：搭载在航天器上，用于开展科学研究、技术验证或其他任务的设备、实验仪器等。——编者注（后文若无特殊说明，均为编者注）

需要用电的时候，能通过内部自闭环的方式提供适当的电压和功率，以满足设备的用电需求。

实验柜控制器

我国的科学研究已经进入了大数据时代。相比之前，我们希望获得质量更好的科学数据和图像，希望有更大的数据量、更高的分辨率和更高的频率。为了满足不同科学实验对大数据的需求，我们采用了4G光纤入网的方式。我们首次在轨采用了FC-AE-1553协议，将4G带宽的光纤拉到了每个实验柜里，保证内部的数据能够非常高速地传输。

4 Gbps 光纤入户，室内千兆以太网

我们还在实验柜内部布置了千兆的以太网，使内部的图像信息能够很好地传输到存储设备，保证了设备存储量大、分辨率高。相比国际空间站的100兆宽带，我国空间站的数据传输速率提升了10倍以上。

热控抽屉

如果不给1500瓦的实验柜提供合适的散热方式，它就非常容易因高温出故障。不同的科学载荷有不同的散热需求：有的科学家希望用液体散热，有的科学家希望用风冷散热。为此我们采用了"气液双模"的方式，开发出了气、液多场自适应快速重构的模块化热控抽屉，它就像中央空调一样。

热控抽屉的模块很小，里面集合了

热控抽屉的模块

25种不同的阀组和气液传感器，保证我们能够实时地、动态地根据不同的科学需求调节散热方式，包括风的速度，液体的回路流量等。以上就是实验柜的基础支撑系统，有了这些，实验柜的通用部分基本上就完成了。

"入住"实验柜的各种要求

基础支撑系统做好后，我们还要完成一项工作。就像我们入住新房子之前要除甲醛一样，实验柜也要清除有害气体。由于空间站是密闭的空间，且有3~6名航天员会进去生活，所以对有害气体的控制和检测的要求极其严格。

在材料的选择过程中，我们尽可能地选用环保的材料，并对材料进行了气体释放成分研究。但为了更好地保障在轨航天员的安全，我们还要采取一些手段。

大禹治水有疏有堵，我们控制有害气体的方式也是如此。"疏"指借助高温低压的环境把一些金属或者非金属材料里的有害气体抽走；"堵"指用特殊的、无毒无害的涂层或胶带把较难排走的有害

有害气体控制与检测　　　　　　　　　　疏（左）和堵（右）

气体封起来。通过疏和堵的方式我们确保绝对不会有多余的有害气体释放到舱内。

同时，所有的柜体和科学设备在上天之前还会进行一次非常精密的有害气体浓度检测，浓度要在地面实验室能够检测到的最小范围内。我们只有按照这种严格的要求进行检测，才能保证在轨航天员的绝对安全。

消除了有害气体后，我们还要做"多余物的控制"。太空是失重环境，多余物很容易飘起来，并且可能会飘到空间站的任何位置，从而对设备产生影响。特别是一些金属多余物，如果它们飘到了电气设备上，还会引发短路等安全性事故。

对于常规的固态多余物，我们一般采用下图所示的方式——听声辨物。在力学试验前后以及出厂之前，我们会加入一些强制的检验节点。借助旋转的方式，通过人耳去听有没有异响。因为多余物在实验柜旋转的过程中会和器壁、柜体产生撞击、摩擦等，发出声响。通过听声辨物的方式，我们就能一步一步地进行多余物检测。

对液体回路，我们对多余物的控制更为严格。我们会进行光谱分析、冲洗分析，保证回路里面不会有多余物，不会导致散热系统发生卡滞。

后续我们还要进行力学的、热的、可靠性的寿命实验，一切工作完成后，科学实验系统就可以"入住"实验柜了。

实验柜具有统一的标准：首先，13个实验柜的接口标准统一；其次，实验柜内部载荷的设计遵循相应规范。这种标准化设计既方便国内科学团队和科学家设计

听声辨物

要将地面实验室中的所有仪器装到实验柜（1820 mm×1050 mm×870 mm）

各种科学仪器、设备，也为想参与中国空间站实验的国际科学家定制设备提供了标准。此外，采用统一的接口便于实验柜的维修和更换。一旦在轨时出现故障，实验柜可以随时抽出并进行必要的维修工作，相同的设备间还能互换使用。

左上图展示了典型的地面实验室。一般来讲，这间实验室可能有20多平方米，里面被摆得满满当当。科学家要将这间实验室里的所有设备搬到不到2立方米的柜体内（右上图）。他们要进行结构化和小型化设计，并保障我们的指标在国内领先，处于世界一流水平。我认为，这件事的难度比设计实验柜的基础支撑系统大得多。这些故事、这些研究就留待科学家自己讲给大家。

下图是一张实验柜"全家福"。从外部构型上看，大家就知道它们是"一家人"，是"亲兄弟"。

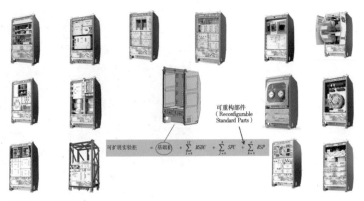

实验柜"全家福"

功能多样的实验柜

既然太空实验如此有意义，如此重要，那么这些实验柜能在太空里开展哪些科学实验呢？

我们按学科将实验柜划分，可分为：生命科学实验柜、与流体和燃烧相关的实验柜、空间材料科学实验柜、与基础物理相关的实验柜，以及公共支持类实验柜。

这只是将实验柜进行大致的分类，它们真正能够支持的科学实验远远不止我们现在看到的这些。在下图中我还用不同颜色对实验柜做了划分。红色的是核心舱里的实验柜，绿色的是问天实验舱的科学实验柜，蓝色的是梦天实验舱的科学实验柜。

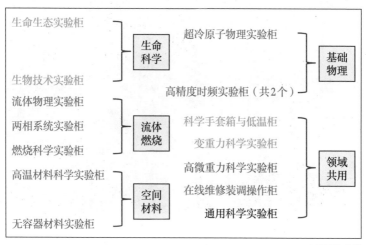

实验柜的分类

下面我会对各舱内我认为比较有特点的实验柜以及它们分别能开展哪些科学实验进行简单的介绍。

第一个是无容器材料科学实验柜，截至2022年6月它已经在轨运行一年多了。

这是在无容器材料实验柜中进行的实验。一个小球悬浮在腔体的中间，这像不像《西游记》中太上老君的炼丹炉？它利用微重力以及静电悬浮，可以对材料进行3000℃的加温，让材料在腔内熔融，再凝固。在熔融和凝固的过程中，我们可以对材料进行一些物理特性的测量。我们不仅可以消除重力对材料的影响，还能观察到更多的物理特性。

通过这方面的研究，我们有望生产一些新材料，比如涡轮叶片发动机上耐高温的叶片材料。同时，我们还能进一步研究基础物性，来改善地面材料的生产工艺。无容器材料实验柜的综合性能优于日本在国际空间站上的静电悬浮炉（ELF）。

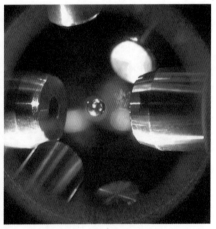

无容器材料实验柜

与生命科学有关的两个实验柜位于问天实验舱。这两个实验柜可以检测空间环境对生命的影响，支持对太空中动植物生长发育的研究，还有助于开发新的蛋白质药物。

我们将用这两个实验柜进行一系列大家比较关心的实验，包括在太空中养鱼、养螺和养藻等。此外，我们还将研究小鼠和猕猴在

生命生态实验柜   生物技术实验柜

太空中的生长和繁衍情况。这些实验能够帮助我们了解生物在太空环境中的适应性。此外，我们还可以进行密闭生态系统的研究。我们将研究碳、氧和氢的循环，以期为人类在远景太空旅行中实现物质的自给自足提供基础。

下页图中展示了梦天实验舱里最重要，也是整个空间站里最贵的实验柜，它叫作高精度时频实验柜。我们在"天宫二号"上的微波钟的基础上，增加了一个氢钟和一个光钟。通过比对这三个钟，我们可以构建长期稳定度为 3×10^{-17} 的天基时频系统[1]。

可能有人会说：地面上时频系统的稳定度的量级已经达到了 10^{-18}，因此天基时频系统的 10^{-17} 没有意义。其实它的意义非常重大，如果我们成功了，就意味着我们构建了全世界首个在天基环境下自主可控的高精度时频系统。北斗系统用的是氢钟，它的稳定度的量级可以达到 10^{-13}。当我们实现了 10^{-17} 后，不管是授时精度，还是导航精度都会得到极大的提升。同时这一系统还能支持很多基础物理

1　天基时频系统：在太空中提供频率基准和时间信号的系统。

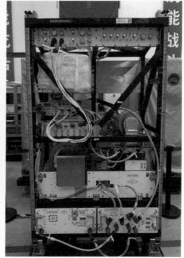

高精度时频实验柜

科学的研究。

　　最后介绍的这个实验柜是由我负责研制的，它叫在线维修装调操作柜。在这个实验柜里，航天员会进行一些维修操作：当其他实验柜发生故障的时候，航天员就能到这个实验柜里进行相应的在轨维修维护。

　　在微重力环境下，航天员的操作及行动是比较艰难的。为了让在轨航天员感到更舒适，我们在这个实验柜中开发了智能诱导维修系统。我们采用了增强现实技术（MR），把需要维修或者操作的场景通过虚实叠加的方式投射在航天员的眼镜上，并借助语音、动画及文字的引导，让航天员可以很清楚地知道要做什么、用什么工具、怎么做。基于这种技术，我们能让航天员非常轻松地完成一些他们不熟悉或者之前没有做过的工作。

　　后续我们还会开发天－地专家系统，通过实时的天地网络让航天员一边观看地面专家的指导一边进行相应的研究。

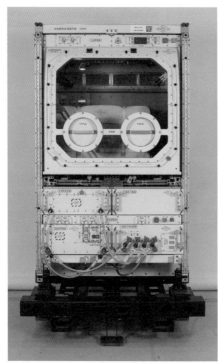

在线维修装调操作柜

我们的未来在地球之外

实验柜成功发射上天后，我们的研制团队还能做什么呢？其实，实验柜只是一个研究的平台，我们要做的工作还有很多。

我们要进行上千项包括空间科学、空间应用还有空间技术在内的研究。我们还将进行太空合成生物学的研究，希望利用相关的载荷在太空里合成一杯糖水，并在足够安全的情况下，让小动物甚至是航天员尝一尝它的味道。这项研究有助于解决未来深空探测会面临的食物问题。

空间站让我们离开了地球，开展更多的空间探索。但是，人类的脚步不会永远停留在地球附近，我们还会去月球、火星以及更远的地外星体。

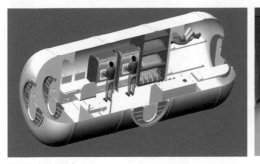

生态舱（想象图）

所以，我们也规划了月球科研站。利用前面的密闭生态系统的研究成果，我们可能会建造一个生态舱，研究如何在地外星体实现物质循环和保障人类的生存条件，为航天员更好地提供食物等资源。

同时，我们还可能会利用在线维修装调柜的一些技术，在轨进行太空工厂的研究和建造，然后到月球或者火星上开发并利用上面的资源。

我相信，在大家共同的努力下，人类一定能够到达更多的地外星体，探索未知的世界。希望有越来越多的人加入我们的团队，和我们一起实现人类的理想，踏上星辰大海的征途。

思考一下：

1. 为什么要在太空中做实验？太空实验与地面实验有什么不同？
2. 研究人员在设计实验柜的结构时遇到了哪些困难？他们是如何解决的？
3. 实验柜中的高精度时频系统有什么应用价值？
4. 实验柜未来的发展方向是什么？

演讲时间：2022.5
扫一扫，看演讲视频

机械臂
中国空间站的"黑科技"

朱超
航天五院总体设计部工程师

太空是什么样的？从太空望向我们的地球又是什么样的？我相信肯定很多人想知道问题的答案。

现在，我们只要借助一件利器就能够看到太空中的景象——中国空间站。

中国空间站过境

在空间站里，航天员可以透过舷窗领略太空的绝美景象。中国空间站在轨的轨道距地面约400千米，很多喜爱航天的朋友偶尔会看见夜空中有一个点一闪而过，在夜空划出了一道美丽的细线，那可能就是中国空间站过境。

中国空间站到底是什么样的？它具有哪些功能？建造完成后的中国空间站共有六个模块：中间为天和核心舱，左、右两侧分别是问天实验舱和梦天实验舱，未来还有载人飞船和货运飞船与中国空间站进行对接。

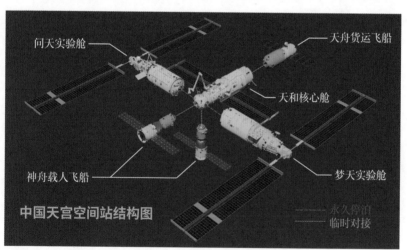

中国空间站的六个模块

机械臂：空间站的"多面手"

　　如此庞大的舱体是怎样运到太空中的呢？答案是通过火箭发射上去的。例如，"长征五号"系列火箭，俗称"胖五"，它是我国目前运载能力最强的火箭。

"胖五"："长征五号"系列火箭

　　实际上，即使是"胖五"，也不能将整个空间站一次性发射上天。我们需要把空间站的一个个模块装在上面分别发射上去。舱段在太空中完成对接后，再进行姿态转移。中国空间站全面建成后，太阳翼还可以进行运动。

　　我们的空间站是重30多吨、长38米的庞然大物，它悬浮在太空中，如果舱外的设备坏了，或者有国外的飞行器对我们进行监视，该怎么办？这时，中国空间站的"黑科技"——机械臂就派上了用场。

　　它能像爬虫一样在舱体上来回爬行，执行很多任务，比如它能够借助相机在舱外进行监视、捕获悬停的飞行器、抓住一个重达十几吨的舱段、辅助航天员出舱活动、转移太阳翼、开展舱体表面状态检查等。

　　机械臂如此灵活，那它是如何设计出来的呢？

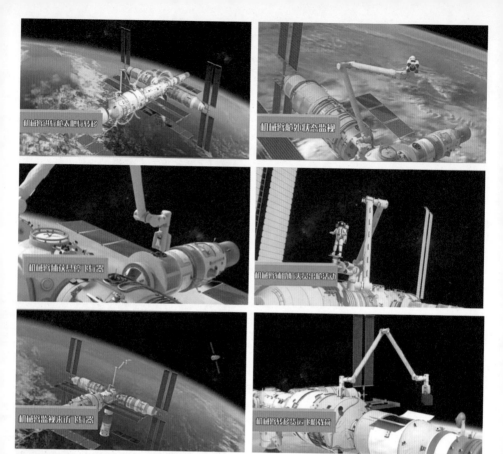

机械臂进行舱表爬行转移　机械臂舱外状态监视

机械臂捕获点检 图 器　机械臂辅助航天员出舱活动

机械臂监视来访飞行器　机械臂转移搬运下 舱载荷

灵活的机械臂

机械臂的设计与测试

　　机械臂的设计灵感来源是什么？答案是人类的手臂。我们的手臂有肩部、肘部、腕部3个重要的部分。

　　如果将一个方向上的打开和收缩运动称作一个自由度，那么我们的一只手臂就有7个自由度：肩部可以向三维空间的任何一个方向打开和收缩，有3个自由度；肘部只能在一个方向上打开和收缩，有1个自由度；腕部可以在3个方向上打开和收缩，有3个自由度。

　　　　　　　　　　　　　　　　未来科学 ◆ 航空航天篇

三个腕部关节

一个肘部关节

三个肩部关节

我们的手臂与机械臂

　　机械臂以我们的手臂为设计灵感来源，所以也有7个自由度，这7个自由度是通过7个关节实现的。机械臂在运动过程中可以像我们的手臂一样在可及的范围内到达任何位置。

　　上图展示了机械臂的组成，包括关节、末端、相机、臂杆以及目标适配器。机械臂长10米，相当于4层楼的高度。末端有一台相机可以进行状态监视和目标识别。

　　机械臂是不是只有这几个部件呢？不是的。从2006年开始论证到2021年发射，研制团队用了整整15年才将其研发成功。每条机械臂都有约1.8万个零部件，背后还有50万行代码，它是一个非常复杂的系统，耗费了我们很多的心血。

　　举个看似不起眼的例子——机械臂上面的国旗。大家可以看到国旗非常鲜艳，它的背后凝聚了我们很多心血。由于太空是辐射环境，普通的国旗可能过几个月颜色就被完全腐蚀掉。于是我们自主研发了红色和黄色等颜色的涂料，将它们喷在固体的表面，并镶嵌到机械臂上，这才有现在比

机械臂上面的国旗

较完美的状态。

设计完成的机械臂是不是可以直接上天呢？显然不是。我们还要做大量的地面试验，来验证设计是否正确。

我们面临的第一个问题就是失重问题。地面上是有重力的，所以人们可以非常平稳地走路。机械臂重0.74吨，相当于一台小轿车一半的重量，在地面上，仅靠一两个人是很难推动它的。然而，太空是失重环境，机械臂可以悬浮起来。因此，我们需要为机械臂设计一个失重环境，使它能够悬浮于地面之上并灵活地运动。

下图是机械臂在地面上进行测试的场景。图中被圈出的是使机械臂支撑在地面上的工装。我们怎么使机械臂悬浮起来呢？这非常有讲究，我们使用了一种气足，即图中的黑色结构。我们向气足里充入压缩空气，这样就可以让机械臂悬浮起来。

黑色气足上的管路不断地向气足内输送压缩空气。于是，气足会向下喷气，气足和地面之间形成一层厚度只有头发丝直径1/4的气膜，这样在地面测试的过程中，机械臂的运动相对平稳。

实际上，除了失重问题外，还有温差问题。在地面上，30℃的气温就会让我们感到非常热，而太空中的气温为-100～100℃，温差有200℃左右，这样的环境对机械臂的性能要求非常高。

测试时，我们先将机械臂和空间站组合、固定在一

机械臂的地面测试

起；然后再将它们送到一个黑色的"罐子"中，并将"罐子"封闭，往里面充气体或加热；接下来将"罐子"内的温度区间设为-100~100℃，使温度在这个区间内不断循环，通过多次循环来检验机械臂的性能。

此外，我们还会将机械臂拆成散件，进行各种各样的地面测试。地面测试全部完成后，机械臂才具备了上天的条件。

帮助航天员执行任务

2021年4月29日，机械臂随着空间站发射上天了。在发射成功的那一刻，研制团队都非常激动，因为这是我们花费15年的时间研制成功的产品。但在激动之余，我们还有一点儿忐忑，因为机械臂即将面临真正的"大考"——它要在太空里完成运动、执行状态巡检等任务。

以状态巡检为例。空间站外表面非常大，还装了很多庞大的设备。如果这些设备坏了、有损伤了，我们在地面上无法判断的时候，该怎么办？这就需要机械臂出场了。

空间站的太阳翼展开后非常大，它用于为空间站供电。太阳翼一旦受到损伤，就无法为空间站继续供电，我们的航天员也就无法在里面生活了，所以这个设备非常重要。根据地面的指令，机械臂会转移到指定的位置并转成特定的构型去巡检太阳翼的状态，同时用末端的相机给太阳翼拍照。

机械臂还要执行出舱任务。出舱任务非常复杂，除了需要机械臂的运动外，还需要与航天员进行协同工作。

我们通过地面指令将机械臂移动到出舱口，等待航天员来装设备。航天员先在机械臂的末端固定一个脚限位器，方便他踩上去后

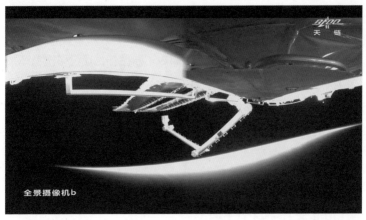

全景摄像机b

机械臂巡检太阳翼状态

卡住。然后，航天员会安装一个特别大的操作台，以便将设备都挂在操作台上，还可以通过机械臂直接将所有设备转移。在航天员安装的时候，机械臂是柔性晃动着的，所以在太空中进行操作是非常困难的。接下来，机械臂就会载着航天员，并带着从舱内传出来的设备，进行大范围的转移。航天员会用专门的工具进行操作，这时机械臂处于静止状态，确保为航天员提供足够的支撑力。

航天员在机械臂上的操作非常灵活，其实他们在地面上已经和机械臂进行了周期长达1~2年的合练。我们又遇到了同样的问题——如何在地面上构建失重环境？我们想到可以在水下利用水的浮力抵消机械臂的重力，从而形成失重环境。

对页图中的就是我们研制的水下机械臂，它和天上的机械臂是有些差别的。在合练中，我们会配合航天员完成整个任务，每次合练都长达6小时，合练结束后，我们会和航天员一起交流。作为设计人员，能够参与如此重要的任务，并和航天员近距离接触，我感到非常自豪。

大家了解了机械臂的作用，但可能还不明白它的重要性。下面

航天员在水下与机械臂进行合练

给大家举个例子。2008年"神舟七号"发射后,翟志刚代表中国航天员首次完成太空出舱任务。这是具有历史意义的一刻,当时他穿着"飞天"航天服,出舱了16分钟,只在舱口附近进行了简单的操作。2021年,"神舟十三号"发射后,翟志刚作为中国唯一一位两次出舱的航天员,与王亚平一起,成功地完成了长达7小时的出舱任务,机械臂可以将航天员送到任何他们想去的位置。通过这个例子,大家可以发现,机械臂能让航天员作业的时间更长,到达的地方更远——这就是机械臂的重要性。

未来,我们的机械臂不仅仅会执行以上任务,还会进行扩展任务。目前在轨的10米长机械臂将和另外一条5米长的"问天"机械臂[1]组合在一起,形成一个新的机械臂系统,两条机械臂能够互相"握手"去执行舱外巡检、支持航天员出舱等任务,任务完成后它们还能脱开。

---

1 数据更新:"问天"机械臂已随问天实验舱成功发射上天,并和10米的长机械臂一起完成任务。

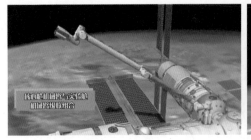

核心舱机械臂与实验舱
机械臂级联组合

核心舱机械臂与实验舱
机械臂级联组合

机械臂系统

　　我虽然只是一名小小的设计师，但能够和我们的团队一起用15年的时间成功研制出机械臂，能够通过自己的工作为国家载人航天事业贡献微薄的力量，我感到非常荣幸。希望未来有更多的小朋友能够了解航天，加入我们的团队。我们的征途一定是星辰宇宙！

思考一下：

1. 机械臂是如何运送到太空中的？

2. 机械臂具有哪些功能和任务？

3. 机械臂的设计灵感来源是什么？

4. 机械臂在地面上需要做哪些试验？

演讲时间：2022.7

扫一扫，看演讲视频

建立月球科研站

实现绕、落、回的下一步

欧阳自远
中国科学院院士、地球化学与天体化学家

2021年，中国航天有几件事情引起了全世界的关注：一是"嫦娥五号"将从月球采集的样品带回地球；二是"天问一号"人造卫星成功绕火星运转，"祝融号"在火星表面着陆并进行探测，它们构成了"天地"联合探测火星的新格局；三是我们国家的三位航天员进驻了中国的空间站。

下一步，我国将和俄罗斯联合共建月球科研站，这个计划才刚刚对外公布。

月球科研站（想象图）

建立月球科研站

我要先谈一下我国成功探测月球后，还想做什么。其实我国早就有了建立月球科研站的设想，但是我们必须先完成一定的工作，

绕：环绕探测（"嫦娥一号""嫦娥二号"）
落：月球软着陆和巡视探测（"嫦娥三号""嫦娥四号"）
回：自动取样返回（"嫦娥五号""嫦娥六号"）

探：无人月球探测（2007—2021）
登：载人登月站
驻：建设月球基地、开发利用月球资源和长驻

才有能力去建设月球科研站。

我国已经进行了无人月球探测。因为现在我们还没有能力把航天员送上月球，再让他安全回来，所以我们的第一步是进行无人月球探测。

"嫦娥一号""嫦娥二号"是绕月人造卫星，它们绕着月球转，

"嫦娥一号"（模型）

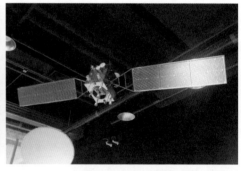

"嫦娥二号"（模型）

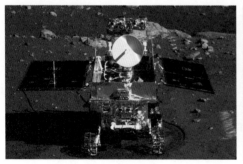

"嫦娥三号"的月球车巡视器——"玉兔一号"

"嫦娥四号"的月球车巡视器——"玉兔二号"

同时月球也在自转，这样我们就可以探测到全月球。所以，"嫦娥
一号""嫦娥二号"在进行月球的全球性与综合性探测。而"嫦娥
三号""嫦娥四号"要落下去，它们各有一个着陆器和一辆月球车，
着陆器开展就位探测，月球车进行巡视探测，两者结合来探测月球。

　　做完这些工作后，我们发现月球上有一些关键的科学问题，即
月球演化历史中的"一老""一新"问题：关于月球自45亿年前形
成至41亿年前之间，以及自30亿年前至今的演化过程，科学家都
没有找到可信的科学证据，所以我们一定要采集样品并带回来。
于是，我们发射了"嫦娥四号"的"玉兔二号"月球车，并在月
球背面发现了月球上最古老的月幔岩石。下一步发射的"嫦娥六
号"会在当地取样返回，我们有把握解决月球最古老的历史难题。
为了找到月球最后一次火山喷发的玄武岩，"嫦娥五号"取样返回，
解决月球演化历史的"一新"难题。我们有信心解决自人类开展月
球探测66年以来的关于月球演化的"一老""一新"问题，并找到

月球主要演化事件年代分布图
A：Apollo，阿波罗载人登月采集样品的年龄；
L：Luna，苏联"月球号"采集样品的年龄；
CE：中国月球探测工程嫦娥探测数据与样品的年龄。

明确证据。

这些都是无人月球探测，我们不能总是做无人月球探测，所以下一步我国将实现载人登月，建立月球基地，充分开发、利用月球的资源、能源和它的特殊环境。

实现了"绕""落""回"后，我们要建立月球科研站的基本型。我们要开发、利用月球，并进行一些实验研究和观测。同时，配合载人登月，我们要在月球上建设有人驻留的月球基地，尝试生产必要的装备和实现基本居住条件，使人类能够更全面地开发、利用月球。

随着工作的推进，2021年3月9日，中、俄两国宣布合作建设国际月球科研站。这个月球科研站基本上以我国的设想为基础，我国和俄罗斯两国联合起来能更好地建设科研站，开发、利用月球。目前，我们已经公布了《国际月球科研站合作伙伴指南》

月球科研站（想象图）

（以下简称《指南》）。

国际月球科研站目前有八大科学目标和五项任务，旨在深入研究月球的形成、演化、现状和环境，以及探索月球所拥有的可利用资源和能源，为人类未来社会的发展提供重要的支撑。这些科学目标和任务被明确规定在《指南》中，我们要一步一步地去完成。

我们准备在2036—2045年建成一个月球基地，实现人类的长期驻留，并且这个月球基地能够全面地、大规模地开展月球的科学探测和技术试验，对月球的资源、能源与环境进行开发、利用，为人类命运共同体的构建与发展做出中国的贡献！

为什么要探测月球？

首先，我们人类已经充分地利用了地球的资源、能源和环境，面临着越来越多的环境问题。其次，地球存在很多隐患。例如，如果体积较大的小天体撞上地球，就可能会引发类似6500万年前以恐龙为代表的生物灭绝的事件。我们已经取得了证据，证明的确是一个直径10千米的小天体撞击了地球，造成地球上近百万物种灭绝，其中就包括恐龙。全球性火山、地震和海啸等自然灾害也会对地球造成严重的威胁。最后，月球在当代具有重大的军事战略地位，它是当代太空战的制高点。

因此很多人思考，地月本来就属于同一个天体系统，我们能不能充分地开发、利用月球，来支撑人类社会的持续发展呢？

那么，月球到底有什么能源、资源和环境，值得人类探索和利用呢？

月球上丰富的能源

月球有两种重要的能源：太阳能和月球土壤里的一种成分，这种成分也许能够改变人类社会对能源的需求。

太阳能

我先来讲一下月球上的太阳能。月球没有大气，不会刮风、下雨，没有气候变化，阳光能够直射到月球表面。而且月球的自转周期为27天多，所以月球上的一天几乎相当于地球上的一个月，也就是说，月球上的白天和夜晚分别相当于14个地球日。

有人曾计算过，太阳投射到月球表面的能量，相当于地球上全人类生产能量的25 000倍。由于月球上没有云和雾遮挡阳光，月球

利用月球上的太阳能（想象图）

　　表面也没有天气变化，能量密度很大，所以白天月球的表面温度超过110℃，夜晚月球表面的温度可达-190℃，日夜温差约300℃。

　　于是，科学家们提出，能否充分利用月球上的太阳能？很多科学家设想，在月球的正面和背面都建一座太阳能发电站，或者每隔经度120°建一座太阳能发电站，这样整个月球一共可以建三座太阳能发电站，把它们串联起来后，能源就能源源不断地输送到地球了。

　　科学家们还提出了一个大胆的设想：就地取材，利用月壤作为混凝土材料建设一条绕月球赤道宽400千米的混凝土带，月球的赤道周长约11 000千米，施工工作全部可以由地面遥控的机器人施工队完成。随后，在混凝土带上全部铺设太阳能电池板，并将其采集的电能通过微波或激光传输方式送回地球。这一系统最早可以在2030年左右开始建设。

假设这条沿着赤道的"腰带"能建好，那么月球上的太阳能就能满足人类社会的能源需求，我们永远不需要其他能源了，而且月球提供的能源是清洁的、安全的。这个设想并不难实现。先利用机器人在月球上进行3D打印，制成几块太阳能发电板，然后再把它们连起来，这是月球科研站要做的第一件事情。

氦-3

月球上还有一种能源，就是月球的土壤里的核聚变原料——氦-3，这是我们过去不知道的。

过去，科学家思考，为什么每天太阳都能光芒万丈，其中涉及怎样的反应。科学家研究后发现，太阳上一直在发生大规模、长时间的"氢弹爆炸"，即氢的两个同位素——氘和氚发生的核聚变反应。

结果，科学家研究出了地球上杀伤性最大的武器——氢弹。后来，大家呼吁要和平利用核能，于是科学家开始研究核聚变发电，也叫人造太阳。现在，科学家研究核聚变发电已经有二三十年了，预计2030年可以实现核聚变发电。核聚变电站生成的放射性副产品比当前的核电站更少，储存方法更简单。核聚变电站的核反应堆失控或"坍塌"，也不会造成危险。因此，核聚变能将对环境和经济都有利。利用核聚变发电有望在5～10年内实现。

然而，氘和氚并不是理想的原料。尽管地球上氘比较丰富，但氚相对稀缺且具有放射性。在核聚变反应中，氚会释放出一个中子，中子会产生中子辐射。

所以，科学家想找其他元素替换氚，他们发现太阳风里面有大量的

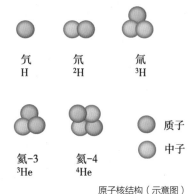

氕 H

氘 ^{2}H

氚 ^{3}H

氦-3 ^{3}He

氦-4 ^{4}He

● 质子
○ 中子

原子核结构（示意图）

氦-3，氦是元素周期表中的第二个元素，它有一个同位素氦-3。氦-3可以替代氚，并且氦-3没有放射性，比较安全，而氦-3主要蕴藏在月球的土壤中。

我们设计了一个探测项目，用"嫦娥一号"探测月球上究竟有多少氦-3，结果发现，月球上的氦-3资源约有110万吨。这个数量看似不多，我国一年消耗石油约3亿吨、煤20亿吨，此外还有天然气、小型风力发电、太阳能发电等各种能源。而核聚变发电的原料在整个月球上只有110万吨左右。

我曾在国际会议上遇到俄罗斯探月首席科学家加里莫夫院士。他对我说："欧阳，你们居然能够测出月球上有多少氦-3，其实你们每年只要运回8吨氦-3，就能够支持中国一年的能源使用。"我说："是的，俄罗斯每年只要4吨就够了。"而全世界一年也只需要100吨氦-3，也就是说，月球上的氦-3资源可以满足未来一万年人类社会的能源需求，而且这是比较安全、比较清洁的能源。

当然，这个设想现在还不能实现，但科学技术正在快速进步，未来我们的月球科研站就会进行实验前期的一些工作。

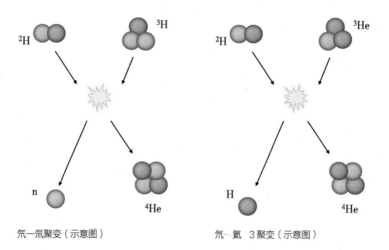

氘—氚聚变（示意图）　　　　氘—氦 3聚变（示意图）

月球上有哪些矿物资源?

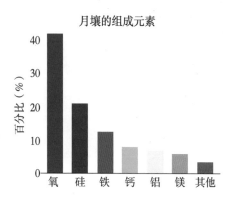

月壤的组成元素

根据"嫦娥一号"与"嫦娥二号"对月球进行的全球性探测成果,月球上有3种岩石。第一种是斜长岩,它没有太多的可利用的元素资源。第二种是克里普岩,它富含钾、铀、钍和稀土元素,月球上的铀大约有50亿吨,稀土元素有225亿~450亿吨。第三种是玄武岩,玄武岩的钛铁矿含量可达25%(体积)。月球上的钛铁矿资源有110万亿~220万亿吨,能生产二氧化钛57万亿~115万亿吨,比我国攀枝花钒钛磁铁矿的二氧化钛产量要多得多。

月球上的斜长岩

月球上的克里普岩

月球上的玄武岩

　　月球的矿物资源很丰富,但现在去月球开矿的成本太高了。

　　目前,我们开发月球,主要专注于开发深坑中的水冰资源。这些水冰是由彗星或小行星的撞击形成的,位于坑底,由于长年无法见到阳光,而被称为永久阴影区。许多科学家设想,如果能够开采这些水冰,航天员登上月球后就可以直接获取水资源。目前,将1

月球南极（左）和北极（右）表面水冰的分布，蓝色代表水冰的位置

千克水送到月球上的成本高达25 000美元，价格过于昂贵。

因为水冰资源深埋在坑底，这些坑很深，里面一片漆黑。而且坑里的温度低至-220℃，任何机械在坑里都会被"冻僵"，无法运转，难以进行开采。所以，一部分科学家建议利用钛铁矿来生产水，供航天员使用。

目前来看，月球上的资源能够满足月球基地的需求。然而，如果人类希望大规模利用这些资源，成本仍然较高。

如何利用月球的特殊环境？

我们还可以对月球的特殊环境进行开发、利用。月球表面是超高真空环境[1]，没有磁场，且地质构造稳定，它的重力只有地球的1/6。

美国曾表示，如果想去火星或者其他星球，从地球上发射火箭太费燃料了。因为地球引力比较大，火箭要装载很多的燃料才能冲破地球的"束缚"。如果能在月球上发射火箭就容易多了。现在大

1　超高真空环境：气压非常低的环境。气压通常为标准大气压的百万分之一至千万分之一，几乎没有气体分子存在。

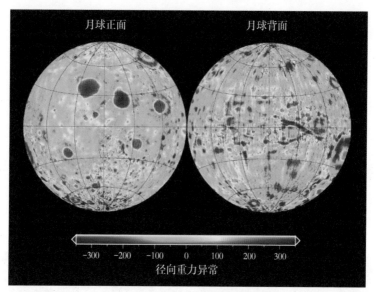

月球正面　　　　月球背面

−300　−200　−100　0　100　200　300

径向重力异常

月球的引力分布图（红色为引力增强区）

家普遍认为月球是我们去太阳系其他星球的转运站，是一个新的平台。美国也在计划建设月球空间站，使月球成为人类进入太阳系空间的平台。

此外，地球上的很多产品（如特殊的材料和药品）的制作，需要超高真空环境。月球的超高真空环境比地球上的超高真空实验室更好。虽然月球的环境不利于人类生存，但是我们还是可以利用它。

月球还有一个好处，"嫦娥三号"就利用了这个好处：它在月球上放了一个望远镜来巡视整个银河系，这使我们有了很多新的发现。

"嫦娥三号"还做了一件事情——监测地球。在月球上，地球近在眼前，我们可以看得很清楚。地球的外面有很多圈层，我们一直监视它，就能知道地球的环境可能发生了什么问题。

我们需要充分利用月球，月球将给我们提供非常重要的资源，支持人类未来的持续发展和幸福平安。

地球和月球属于同一个天体系统，我们要联合起来，充分利用月球，为人类社会的持续发展做出贡献。我们现在的目标是要向太阳系的星辰大海挺进，把月球作为一个跳板和转运站，使我们人类能够更快地去探测整个太阳系。

月球的开发、利用将对人类社会的持续发展做出更大的贡献。我们的国际月球科研站将一步步地实现这些目标，为人类未来的幸福平安做出更大的贡献。

向太阳系的星辰大海挺进

思考一下：

1. 为什么在建立月球科研站之前先要进行无人月球探测？
2. 月球科研站的主要任务是什么？
3. 为什么科学家们想利用月球上的太阳能？如何将月球上的太阳能输送到地球？
4. 氦－3 资源有什么优点？

演讲时间：2021.6
扫一扫，看演讲视频

"天问一号"
去火星，我们要做什么

欧阳自远
中国科学院院士、地球化学与天体化学家

火星

洗刷火星的不白之冤

自古以来人们就对火星没有好印象，因为火星是红色的，这个颜色代表着血腥、战争、死亡、瘟疫……因此，在古代，各个民族几乎都在咒骂火星。

其实，火星蒙受了不白之冤。

火星在太阳系八大行星中位列第四，这是按照行星和太阳的距离从近到远来排列的。离太阳最近的是水星，然后是金星、地球、火星、木星、土星、天王星和海王星。火星是地球的邻居，比地球稍微远离太阳。

　　古代人觉得火星在天上忽隐忽现，就给它取名"荧惑"，意思是它像萤火虫一样闪烁不定。他们认为，荧惑守心[1]预示着皇帝要驾崩，而且会发生战乱。公元前210年发生了荧惑守心，这是历史上最不吉利的一段时期，这一年秦始皇驾崩，据说那天还有一块"陨石"降落（其实是一块地球上的岩石），上面刻着几个字——"始皇帝死而地分"。"陨石"上的刻字完全是后人伪造的，这个故事的真实性也有待查证。

　　火星的天文符号就像发射出来的箭，这个符号的本意是战争，可以说，火星就是战神的象征。古罗马人将火星称为玛尔斯（Mars），他是古罗马神话中的战争之神，喜欢打仗，喜欢屠杀。古希腊人把火星称为阿瑞斯（Ares）。

火星的天文符号

阿瑞斯是古希腊神话中的战争之神，他很勇猛，也很好战。北欧人也用他们的战争之神的名字给火星命名，古印度人也是这样。

　　因此，古代各个民族都不喜欢火星，认为它是一颗恶星，是一颗会带来厄运的星球。他们一致认为火星代表着好斗、屠杀、血腥，它是人类灾祸的化身，但火星一直蒙受着不白之冤。

　　现在我们要为火星洗刷它的不白之冤了。

　　为什么人们对火星有这么坏的印象？因为火星是红色的。为什么火星是红色的？因为火星的表土里有一种矿物叫赤铁矿，赤铁矿

1　荧惑守心：火星在心宿（天蝎座）内停留一段时间的现象。

火星上的红色表土

是红色的，赤铁矿也是古人作画时用到的红色颜料。

赤铁矿分布于整个火星的表土当中，火星又经常发生沙尘暴、全球性风暴，风暴会将含有这些红色赤铁矿的土卷起来，所以火星总是显得特别红，像染上了鲜血一样，导致人们对火星没有好印象。

火星，地球的好姐妹

火星是太阳系八大行星当中排第四的行星，是地球的近邻，也是地球的好姐妹。火星和其他七大行星几乎在一个平面上，它们按照各自的轨道围绕着太阳做逆时针方向的运行。

火星带着它的两颗卫星在第四条"跑道"上转圈，地球带着月球在第三条"跑道"上转圈，它们一直都是这样运行的，很有规律，很守秩序。

火星的公转轨道比地球的长，地球绕太阳转一圈需要365天，而火星则需要687天，也就是说火星的一年比地球的长得多。火星半径只有地球半径的约1/2，质量只有地球的11%，因此火星的引力也比地球的弱。由于火星与太阳的距离较地球远，因此火星得到

太阳系八大行星在太阳赤道延伸的黄道面上围绕太阳公转的运行轨道

的太阳照射能只有地球的43%。火星的表面温度也比地球的低。

但是，火星在一点上跟地球特别像——它跟地球一样也是歪着自转的。

八大行星的自转轴原本都是竖直于黄道面的，45亿年前，一个火星大小的天体撞击了地球，于是产生了月球，地球也留下了一个问题——它被撞歪了约23.5°，所以现在地球是歪着自转和公转的。

这反而成全了一件事：如果地球直着绕太阳转，那么地球表面任一点与太阳的距离都不会变，太阳的照射角度也永远没有变化，地球就不会有四季。现在，地球歪着绕太阳转，当北半球靠近太阳时，北半球的夏天到了，而南半球进入冬季；当北半球远离太阳时，北半球的冬天就到了，而南半球进入夏季。所以，地球出现了春、夏、秋、冬四个季节的变化。

火星也被小天体撞击过，它也被撞歪了，并且歪的角度跟地球的相似，所以火星也有四季变化。

地球的卫星——月球，是地球被撞击之后其碎片弥散在周围，慢慢汇集而成的。我们已经通过"基因检测"证明了月球是地球的"亲生女儿"。

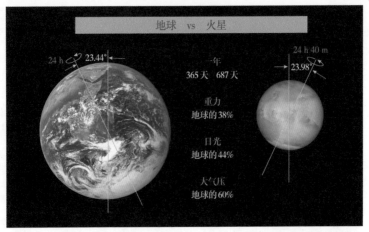

地球 vs 火星

24 h 23.44°
一年
365天 687天

重力
地球的38%

日光
地球的44%

大气压
地球的60%

24 h 40 m
23.98°

地球和火星自转轴的倾斜角

　　但火星的两颗卫星可不是它"亲生"的，而是运行到它附近的时候被它"抓"过来的。由于火星邻近小行星带，小行星运行到它附近时，就会被捕获成为它的卫星。所以火星有两个"养子"，它们的物质构成与火星的是不一样的。

火星探测，难在哪里？

　　人类已经进行了47次火星探测。火星探测比月球探测困难多了，它难在哪里？

　　太阳、地球、火星在一条直线上的现象就是所谓的火星大冲。此时，火星离地球最近。网络上有一种错误的说法：要想从地球上发射探测器去火星，一定要在火星大冲的时候发射探测器。因为这时地球离火星最近，只有3000多万千米，探测器很快就可以到达火星。这其实是错误的。

　　假如我们在火星大冲时发射探测器，探测器是永远到不了火星的，因为科学家经过精确计算后发现，火星不是想去就可以去的，每26个月才有一次机会（发射窗口）。

发射窗口的特征是地球与太阳的连线和火星与太阳的连线形成的夹角是锐角。此时，火星探测器从地球发射，火星探测器会按霍曼转移轨道运行，大约要运行7个月才能与火星相遇，火星会俘获火星探测器。

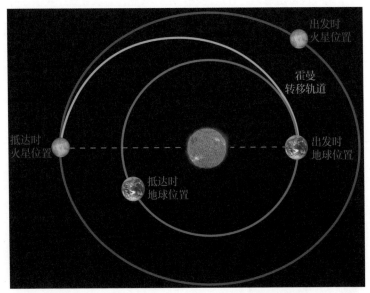

火星探测器被火星俘获的运行过程

另外，地球与火星的距离太远了，如果地球在太阳的一边，火星在太阳的另一边，我们想发一个信号给火星，这个信号即使能以光速传送，也要22分钟左右才能到达火星。所以，火星探测主要的难点有两个：一是太远了；二是时延比较长。此外，火星表面气候变化剧烈，经常发生沙尘暴，一旦沙尘弥漫，我们根本看不清火星的表面，这会给着陆器的着陆等造成很多困难。

在人类已经进行的47次火星探测中有24次成功了，成功的次数刚好是一半。所以，去火星比去月球难多了。

火星上真的存在生命吗？

自古以来就有很多关于火星的传说。很多科学家认为火星上的一条条线应该是运河。有运河就一定有农业，有农业就一定有耕作的农民，科学家认为一定有火星人在火星上种庄稼和挖水渠。

地球上也有很多关于火星人的传说。《世界之战》《火星马丁叔叔》……有很多科幻电影描绘火星人，也有很多科普图书介绍火星人。科学家认为，火星是太阳系中最像地球的行星，上面说不定真的有生命存在。

所以，探测火星的首要目的一直都是探寻火星上有没有生命。它是什么形态的？又是怎么活动的？这是所有科学家都非常感兴趣的问题。难道在太阳系，乃至整个宇宙中，只有地球上存在生命吗？在其他星球上一点儿可能性都没有吗？在太阳系中，火星是最有可能存在生命的，所以大家先集中精力去探测火星。

探测火星的第二个目标是探测火星的磁层、磁场、大气、表面、地质构造等。

我们的地球受到了很多潜在的威胁。例如，6500万年前，一个小天体撞击地球，导致地球70%的物种灭绝。地球还不时地发生大面积的火山喷发、巨大的海啸、强烈的地震。总之，我们的地球存在很多不安宁的因素，再加上人类的很多错误行为，导致地球未来也许不再适宜人类和其他物种居住了。

所以，科学家想，能不能在太阳系中找到另一个天体，慢慢地把它改造成第二个地球，现今唯一的选择就是火星。或者让火星和地球成为全人类的栖息地，这不更好吗？

科学家探测火星生命已有近半个世纪的时间。最早，科学家想

火星移民（想象图）

直接探测到底有什么生命活动。在20世纪七八十年代，科学家主要发射探测器和着陆器进行探测，结果他们大失所望，火星表面没有任何生命活动的迹象。

后来，科学家认为，存在水的地方有可能存在生命。他们在火星上发现了大量地下水，并且火星的表面曾经有许多河流、湖泊，甚至海洋的遗迹，尽管现在已经干涸。因此，科学家通过追踪水来寻找可能存在的生命迹象，但到目前为止还没有得到明确的结果。然而，科学家仍然希望能够找到哪怕是最简单的生命形式，如细菌，这样的发现仍然具有重要的科学价值。

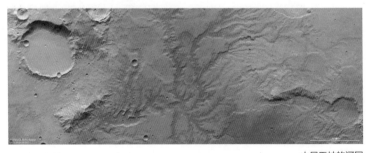

火星干枯的河网

火星探测器拍到了很多照片。这是火星的河道,它已经干枯了,我们可以看出这些河道的支流和主流。另外,火星的北半球曾经是一片广阔的海洋,现在只剩下了一个海盆地。

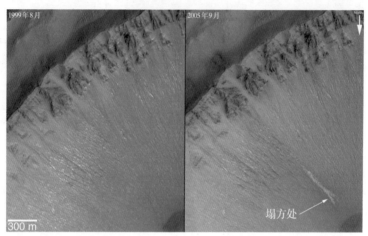

1999年8月　　2005年9月　　North

300 m

塌方处

火星的地下水

这是火星同一个地方的照片,左边的照片很清楚地显示出这是一个陡坡,右边的照片显示出陡坡塌方了,里面有水涌出来。这证明火星存在地下水。

因此,出现了一种说法:火星的水都转入了地下,我们可能要到地下寻找生命。于是,各国又发射探测器去探测火星地下水的分布。"天问一号"上也有一台仪器,可以探测整个火星地下水的分布。除了地下水,我们还要探测火星干枯的河道中到底有多少水。

几十年来,科学家通过研究,证明了火星海洋曾经有很深的水,平均深度约为100米,然而,现在火星表面一滴水都没有了。

火星离太阳比地球远,因此火星表面比较冷,所以我们在它的表面看不到液态水,最多只能看到一点儿冰。而且火星年平均温度很低,为-60℃,只有夏季的几天赤道附近的温度能升高到十几摄氏度。另外，火星的南北极都曾存在过海洋。基于这些观测结果，科学家觉得通过探测水来探测生命也没有希望了。

接着，科学家又有了新发现：火星的大气中约95%是二氧化碳。然后，他们又发现火星的大气中还有少量的氧气和水蒸气，以及极其微量的甲烷。甲烷就是天然气。天然气一般都是由生命活动产生的，人类会排出甲烷，稻田也会排出甲烷，那我们能不能通过探测甲烷来探测生命呢？

火星大气中的气体

主要气体	浓度（%）	痕量气体	浓度（10^{-6}）
CO_2	95.3	^{39}Ar	5
N_2	2.7	Ne	2.5
^{40}Ar	0.6	Kr	3
O_2	0.13	Xe	0.08
CO	0.07	O_3	0.03～0.04
H_2O	0.03	CH_4	0～0.03

尽管火星大气中甲烷的含量极为稀少，只有十亿分之几，但科学家一直在努力探测。然而，他们并未获得令人满意的结果。美国

"好奇号"火星车及其携带的火星样品分析仪器（SAM）

的"好奇号"火星车搭载了先进的仪器，专门用于探测火星上的有机化合物，但最终并未取得清晰的探测成果。

科学家又想出了一个办法，能不能借助火星陨石来研究火星上的甲烷与火星生命？

甲烷在自然界中可以通过非生物过程产生（如自然合成或在高温条件下的合成），也可以由生物体排泄产生。尽管科学仪器有能力区分不同来源的甲烷，但目前这一点还无法实现。所以，科学家先用电子显微镜来观察陨石的内部。例如，1984年在南极发现的一块陨石里面似乎有很多小虫子，这是不是细菌？美国科学家说这是细菌，欧洲科学家说是污染物质，他们的争论至今仍然没得出一致的结果。此外，火星陨石里还发现了很多奇形怪状的东西，比如像油炸面包圈一样的东西，这是否也是细菌？科学家也没有得到答案。

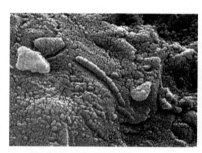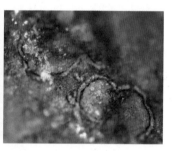

电子显微镜下火星陨石的内部

中国在南极一共找到了12 400多块陨石，其中两块是火星陨石，中国科学家也去研究这里面有没有生命的信息，最终证实陨石里没有生命痕迹。但是，中国科学家还进行了其他研究。他们购买了一块2011年在摩洛哥沙漠降落的新陨石（提森特火星陨石），并用电子显微镜观察其中的碳颗粒，这些碳颗粒都是纳米级和微米级的。

科学家通过离子探针质谱仪分析测定其中碳的同位素组成，最终得出了一个令人震惊的结论：这些碳颗粒的碳同位素组成是由火星上的生命物质产生的。

由于美国的"好奇号"也在做这件事情，美国不希望中国科学家先得出结论。最后，我们不得不在欧洲的《陨石学与行星科学》上发表。

提森特火星陨石（之一）

2014年12月1日出版的《陨石学与行星科学》的封面照片正是提森特火星陨石。

而"好奇号"在2014年12月16日得出了类似的结论。他们在火星上研究的碳颗粒也被证实来自生命。美国科学家立即召开了一个面向全世界记者的招待会，宣布火星可能曾经存在生命。但他们的成果发表时间还是比中国科学家晚了半个月。

火星的生命探测一直吸引着全世界科学家的目光。

中国首次自主火星探测

2020年，中国发射了"天问一号"火星探测器。其实，我国曾进行过一次火星探测——2011年，中国首个火星探测器发射升空，探测器名为"萤火一号"。"萤火一号"搭载在俄罗斯的飞行器里，先由俄罗斯把我们的探测器送到火星，然后我们再开展探测。但是，俄罗斯的飞船在飞离地球的第二天，由于轨道调整失败而坠落，在地球的大气层中被烧毁了。

中国的第一次火星探测失败了，但是我觉得没关系，我们应该吸取教训，努力做得更好，所以我将这次"天问一号"火星探测称为中国首次自主火星探测。

这次火星探测的主要任务是发射一颗火星卫星，让它绕着火星飞行。此外，我们还计划让着陆器落在火星上，以展开探测活动。

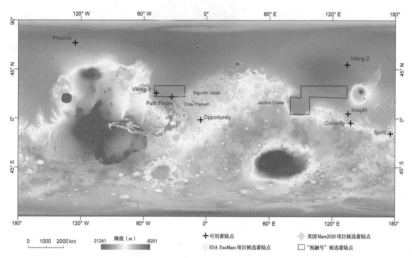

"天问一号"任务的两个候选着陆区（红框内）

着陆器与火星车（假想图）

我们选定了两个着陆点，它们都位于火星北边高纬度的区域，这里曾经是火星的海洋，地势较为平缓，被称为乌托邦平原。着陆器上有一辆火星车。当着陆器着陆后，火星车会从着陆器上下来，边移动边进行火星表面的巡视、探测工作。

"天问一号"火星探测的科学目标

"天问一号"包括两种探测器：火星探测卫星绕火星运行，开展火星全球性、整体性探测；"祝融号"火星车在火星表面开展巡视探测。两者联合起来，在火星表面进行天上与地上联合探测。

火星探测卫星上共放置了7台仪器，主要用于探测火星的地形地貌、岩石分布以及气候变化。总体而言，这是对火星的全球性探测任务。火星车上装备了6台科学仪器，用于探测火星地下的土壤分布、成分以及地下水的分布情况。火星卫星将和火星车相互配合，分别在天空中和地面上进行探测，共同完成任务。此外，火星车还配备了一座气象站，用于记录火星的气候变化。总共有13台仪器

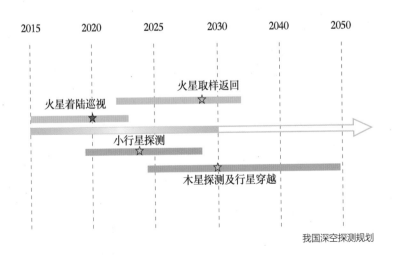

我国深空探测规划

参与本次探测，它们各自承担着不同的任务。

值得一提的是，这是中国首次自主进行的火星探测，未来几年（至少在2030年之前），中国计划在火星上着陆并将采集的样品带回地球。现在，人类还没有得到任何一块从火星上采回来的样品。

虽然我们可以研究出火星陨石的成分、特点，并据此来回答一些关于火星的科学问题，但我们不知道这些陨石是从火星什么地方掉下来的，所以陨石的用处不太大。

我们制订了一个非常详细的计划。我们要去探测小行星带，从小行星取样返回。我们还要去探测太阳系最大的行星——木星。木星有69颗卫星，它的卫星是绕共同的中心——木星旋转的，为了探测它的卫星，我们要进行行星际的穿越探测。这些探测会在我们首次自主火星探测成功后逐步完成。

中国有能力飞得更远，也应该飞得更远。我们要探测整个太阳系，要向太阳系的星辰大海挺进，这就是我们的目的。

我真诚地希望大家热爱科学，了解科学，学习科学，弘扬科学精神，培养自己的科学思维，勇于担当，将来担起航天研究的重任，完成建设"两个一百年"的梦想，为实现伟大的社会主义强国而奋斗。

你们一定会实现的！

思考一下：

1. 你了解了火星的哪些基本信息？
2. 为什么我们不能在火星大冲的时候发射探测器？
3. 迄今为止，科学家们都用了哪些方法来探测火星是否存在生命？
4. 你认为火星存在生命吗？

演讲时间：2020.5
扫一扫，看演讲视频

做一辆漂亮的火星车

设计师亲述"祝融号"背后的故事

贾阳
北京空间飞行器总体设计部研究员

火星美景

　　我们并不是第一个去火星的国家。一些国家的航天器早就在火星的轨道上环绕和在火星的表面上降落，传回来了很多图片。

　　这是我最喜欢的图片，它展示了火星的地貌。这张图片通过将不同谱段的图像处理成伪彩，产生了这样的效果。

　　到了冬季，火星上的二氧化碳也会觉得冷，不愿在空中飞舞，于是它们就会凝结在火星的表面。我来自东北吉林，那里有一种景观叫作雾凇，当地人称其为树挂。雾凇形成的原理和二氧化碳凝结的原理相同。但火星上没有树，所以凝结的二氧化碳就只能散布在

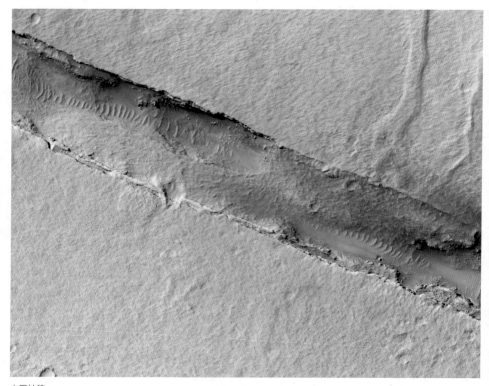

火星地貌

地上。火星上有时会刮起比较严重的沙尘暴，就会产生各种各样的风蚀地貌。

火星也有四季。火星的陨石坑温度有时候高一些，有时候低一些，这就会导致陨石坑里二氧化碳和水冰的冷凝物时大时小，反映出火星季节的变化。

在火星的表面上，还有疑似的"河道"。我想，如果有一天我们能够改造火星，是不是可以把这些"河道"规划为景点，供游客进行漂流。

火星这么美，我们要做一辆漂亮的火星车才能和它相配。

火星上凝结的二氧化碳

火星风蚀地貌

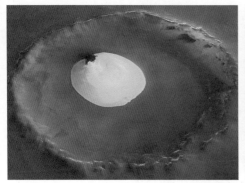
火星上的陨石坑

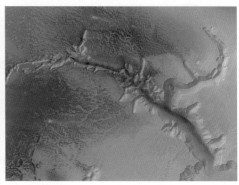
火星上的"河道"

复杂的设计任务

实现火星环绕的国家有很多，包括俄罗斯、美国、日本、印度。火星的表面上还有若干探测器，有些是静止不动的，也有些是能够在火星表面上行驶的火星车，除"祝融号"外，其他火星表面的探测器都是美国的。

"祝融号"成功在火星上行驶代表我们是第二个实现在火星表面巡视探测的国家。此外，它还代表我们现在是世界上唯一同时开展月球和火星巡视探测的国家。我们亲历和见证了中国航天的快速发展。

"天问一号"火星探测器

那么我们的探测器（包括火星车）是怎么设计出来的？又被设计成什么样子？

"天问一号"分为上、下两层：下层叫作环绕探测器，只在火星的轨道上飞，不会落到火星的表面；上层像飞碟一样的着陆巡视器会进入火星的大气层，然后在火星的表面着陆。在着陆的过程中，着陆巡视器下方呈弧形的大底和上方的背罩都会被抛掉，真正稳稳落下来的是中间的着陆平台和火星车。

2020年7月，"长征五号"系列运载火箭从海南文昌出发，把"天问一号"送入了奔火的轨道。

整个飞行过程就是探测器绕着太阳转，其运行轨道是椭圆形的，与地球和火星的公转轨道都有相交的点。这就是著名的霍曼转移轨道，它是最节省能量的轨道。

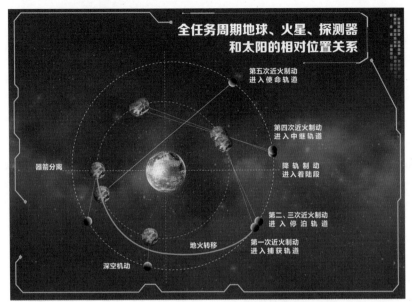

全任务周期地球、火星、探测器和太阳的相对位置关系

第五次近火制动
进入使命轨道

第四次近火制动
进入中继轨道

降轨制动
进入着陆段

器箭分离

第二、三次近火制动
进入停泊轨道

第一次近火制动
进入捕获轨道

地火转移

深空机动

探测器的运动轨道——霍曼转移轨道

到火星附近后，探测器绕火星飞了3个月。这样做有两个目的：其一，确认我们选择的目的地是否安全；其二，等待一段时间。探测器如果立即降落，就可能会在火星的黄昏时分着陆，来不及给火星车充电。我们等待了3个月，探测器多飞一个月就相当于早着陆一小时。最终，探测器在火星的下午2点降落，这样阳光的照射时间较长，确保火星车在火星进入夜晚前处于充电状态。

探测器的降落过程（全称为进入、下降和着陆过程，简称EDL过程）共持续9分钟左右，可分成4个阶段。探测器的降落速度一开始接近5千米/秒。第一个阶段是气动减速段，空气的阻力基本会减掉探测器90%的速度或者99%的能量。第二个阶段是降落伞减速段，探测器会进一步减速，最后变为匀速降落，即60米/秒。第三个阶段是动力减速段，发动机开始工作，在火星上空选择更精细的着陆位置，如果着陆位置合适，探测器就直接降落；如果不合适，探测器可以在一定程度上改变位置，横向移动到相对更安全的位置，再降落。第四个阶段是着陆缓冲段，着陆平台下面的4条腿可以缓冲最后一点儿能量，使探测器稳稳地落在火星表面。

由于整个EDL过程比较复杂，所以我们要先在地面进行充分的试验。下图就是试验的设备。很多记者和外国使节来这里参观时，都会在设备的正面拍照留念。我想有点儿创意，于是在这些记者和使节走了之后，晚上来到设备的下面，对着设备的正上方拍了200多张照片，并选择其中的一部分，大约89张，合成了这张图片。

不知你是否喜欢研究星空或者拍摄星轨？如果是的话，你可能会疑惑，为什么这张图片中的星轨不是连续的。其实我是故意这样做的，图片中的星轨是："-/·--/-····-/·---"。这是一串摩斯密码，意思是"天问一号"。

我给这张照片起了两个名字："天上的星星会说话"和"星辰

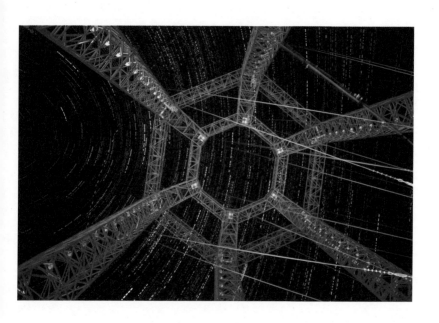

密语"，以此来表达我对"天问一号"启程的
祝福。

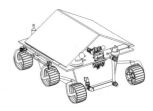

最终，探测器顺利地落到了火星的表面。
我们设想它能在3天里行驶7米，但由于能源
比较充足，通信条件也比较好，实际上，它一
天就行驶了20米。截至目前，它已经累计行驶
了1000多米[1]。

火星车的太阳翼

"祝融号"又是怎么设计出来的呢？一开
始我们的想法是，它要有一个相对比较大的太
阳翼，因为火星到太阳的距离比月球到太阳的
更远。于是，我们就把太阳翼做成了屋顶的
形状。

但分析后我们发现，屋顶的形状不可行，
因为在火箭发射时会产生剧烈的震动，太阳翼
无法承受。所以，我们就把它压平，压平之后，
我们又发现面积不够，于是将2片太阳翼变成
了向后展开的4片。如果火星车到达火星表面
后能够向前驶离着陆平台，那这种设计是没有
问题的；但如果火星车要向后退，后面的两片
太阳翼就会触地。因此，我们又做了进一步的
调整，把后面的2片太阳翼向侧后方调整了一
定的角度。

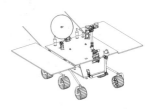

"祝融号"太阳翼的进化史

---

1 数据更新："祝融号"累计行驶总里程为1921米。

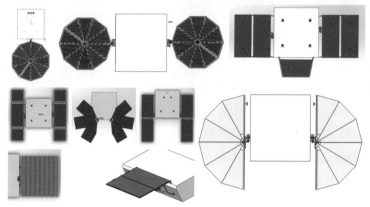

太阳翼的各种设计方案

在整个设计过程中，我们设计了很多太阳翼的方案，包括一个圆盘状的、两个圆盘状的，甚至是类似蝙蝠翅膀形状的。

到了最后收官的时候，我们发现我们设计的火星车很像一只蝴蝶，而且是一只蓝色的闪蝶。为此，我特意买了一个蝴蝶标本，放在我的办公桌上。

火星车（左）和闪蝶（右）

四大困难和五大法宝

我们的火星车有什么本领？火星上有怎样的困难在等待着我们？在设计阶段，我们预想出了四大困难，并准备了五大法宝来应对。

第一个困难是火星表面的石块比较多，地形比较复杂，容易把火星车的车轮扎破。为了应对这个困难，我们为"祝融号"准备了主动悬架。举一个生活中的例子。一般的小轿车底盘不能升高，但有些越野车遇到特定地形时可以把底盘抬高，这就叫作主动悬架。

如果"祝融号"遇到了沉陷，即车轮大部分都陷在了沙子里，那么"祝融号"有一个本领可以用来应对这种情况：它的前轮向前行驶，中轮和后轮先不动，同时车身降低；接下来，前轮不动，中轮和后轮向前行驶，同时车身抬高。这个过程中，"祝融号"就像一只小虫子在蠕动。这样它就能够轻松地从沉陷的沙土地里走出来，因为火星上可没有火星车4S店，也没有救援车。

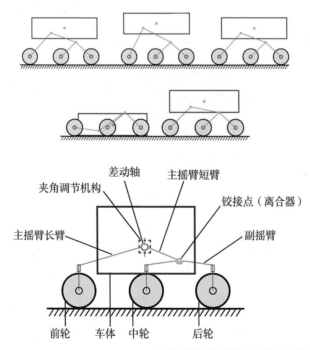

主动悬架的不同工作模式（上）和主动悬架示意图（下）

第二个困难是沙尘暴。火星上有时候会刮起遮天蔽日的沙尘，导致电池片无法发电，并且电池片上覆盖了很多沙土后，也许会导致火星车不能继续工作。

为了应对这一难题，我们曾经想安装类似汽车雨刷的设备。后来我们想到了一个更简单、更轻便的办法——在电池片上铺5层膜。当尘土达到一定厚度时，我们给第一层和第二层膜之间充气，将第一层膜连同灰尘一起掀掉，露出来干净的第二层。但这种想法不可行，因为一旦在掀掉第一层膜时，灰尘落到另一块电池片上，这件事情就变成灾难了。

最后我们采用的办法是仿照荷叶设计电池片。在下雨天，雨水会在荷叶上聚集，但不会把荷叶打湿，微风吹来，荷叶摇摇晃晃，雨水就会掉落。

荷叶的"自洁效应"

我们在电池片上放了一种类似荷叶的工艺材料。从微观上看，电池片的玻璃变成有很多尖的针床，灰尘会落在针床上。在太阳翼运动的过程中，灰尘很容易掉落，电池片的表面就会保持比较清洁的状态。有了这种工艺材料后，只要使电池片立起来，它就会变得比较干净。

第三个困难是火星的温度比地球低。为了解决这个问题，我们准备了两个法宝：开源和节流。

"开源"指的是我们在火星车顶部设计了两个像望远镜一样的窗口。窗口上绷着一层膜，白天阳光可以透过膜照进去，晚上红外线无法透过这层膜，也就是说，能量只进不出。这和蔬菜大棚的原

理相似。但如果仅仅用
阳光加热设备，那到了
晚上设备不就会重新变
冷吗？因此，火星车还
具备能量储存的能力。
我们在膜的下方放置了
10个"酒瓶子"，白天
它们会吸收阳光，瓶内

集热器

的工质从固体变成液体。到了晚上，为了保持设备的温度不下降，
瓶内的工质则会从液体再次转变为固体，并在这个过程中释放出热
量，确保火星车内的设备温度不下降。

　　此外，我们给火星车穿了一层气凝胶"棉袄"，这就是"节流"。
气凝胶这种材料有两大特点：轻和隔热效果好。它可以轻易地被放
在花瓣上，将鲜花隔着气凝胶用乙炔枪去烧，鲜花不会枯萎。

　　火星的夏天温度较高，天气比较晴朗，"祝融号"可能会感觉

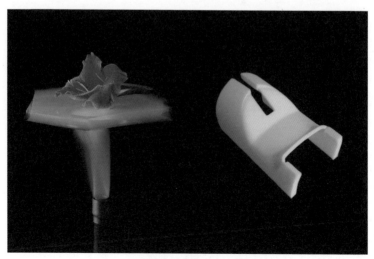

气凝胶的特性（左）和火星车上实际使用的气凝胶（右）

有点儿热。到了火星的秋季和冬季，我们准备的这些法宝就能发挥作用了。

第四个困难是距离远。火星与地球之间的最远距离约4亿千米。地球赤道约4万千米，4亿千米正好是绕地球赤道转1万圈的距离。无线电信号从火星传到地球需要22分钟，那么地面上的师傅就不能及时管理火星车。我们的工作方式是，每天地面上的师傅都和火星车说一次话、收一次数据，也就是每天告诉火星车未来24小时要做什么工作，并收集昨天24小时的工作成果。

在这个过程中，做什么工作、遇到困难需要终止正在做的工作或需要进入休眠状态等，都要火星车根据能量的使用情况自行判断，可以说，我们的火星车是一个自主的航天器。

火星，我们来了

火星车做好之后，我们就把它送到了海南文昌，因为那里能够发射比较大的火箭。

我们在海南文昌待了100天，其间我们对火星车做了最后的测试，把相关的机构都动了一下，确认它们是正常的，然后再把它们压紧。此外，我们还对相机等设备进行了清洁，确保到了火星后不会由于灰尘等因素导致我们看不清火星的表面。

还有一项很重要的工作——杀菌。因为至少现在，我们还不能完全否认火星上存在生命的可能性，我们不能把地球上的微生物带到火星上去，所以要对火星车进行消毒，尤其是车轮。

这样，火星车的准备工作就结束了。

经过10个月的飞行，火星车到达了火星的表面。火星车降落并行驶在了火星的表面上，这对我们来说是一个标志点。

火星车到达火星表面

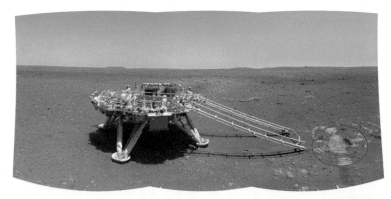

火星车的车轮印

火星车进行地面试验

我们还给着陆平台拍了照片。有的网友比较细心，看到了我们藏在火星车车轮上的小秘密。仔细看，照片中的车辙印清楚显示出了"中"字。

前页下方的两张照片是我们在地面上做试验时留下的，右图是车轮上"中"字的样子。我们在车轮上放了两个"中"字。有人问，"中"字是在前面还是后面。当然是后面，否则火星车向前行驶的过程中印记就会被覆盖。

这个设计是为了宣传吗？并不是。我们比较关心火星车在星球表面行驶时，是否遇到了沉陷。于是，我们就想了一个办法——通过看车辙来判断。

我们发现，如果两个"中"字之间的距离是1米，就证明火星车正常行驶在火星比较坚硬的地面上；如果两个字之间的距离只有0.5米，那就说明火星车在打滑，且很可能遇到了比较严重的沉陷，这种情况就比较危险了。所以"中"字主要的目的是测量火星车的滑移率。

火星车的美化方案

在地面上对火星车进行了严格的测试后，我们发现这辆车不够漂亮，尤其是桅杆上类似人额头的位置。这里有一片A4纸大小的空白，上面只有3个相机的孔洞，看起来有点儿吓人。于是，我们想设计一些美化方案。

起初，我们想在这里放一个中国结，后来又觉得把中国结放在火星车的"额头"上似乎不太合适。思考一番后，我们认为放汉字比较好，就放火星的"火"字。我们写了各种"火"字，大概有几千张，最后选出了几款进行投票。

我们的目光最先聚焦在第一排的第三个字上，这是甲骨文中的"火"字，代表汉字的起源，反映了中国五千年的文明史，寓意很丰富。

但是，我的同事总问我："贾总，你写个'山'字是什么意思？"在甲骨文里，"山"的底下是一条横线，而"火"的底下是一条弧线，它们的差别确实比较小。后来因为解释起来太困难，我干脆放弃了这个方案。于是，我们就用了第二排的第一个。

这个创意取自一枚印章，它出土于黑龙江省海林县（现海林市）。这枚印章叫"桓术火仓之记"，是一枚官印，里面有一个"火"字。我们把它提出来进行了处理，形成了现在的火星车的车标，并将其精心地放在了火星车的"额头"上。

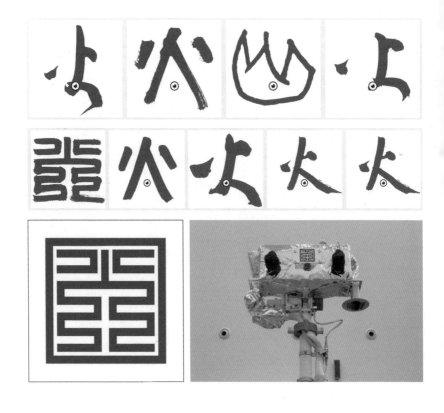

火星车自拍照

　　上图是从火星传来的火星车的自拍照。它怎么拍自拍照呢？我们在火星车上放了一台相机，火星车向前行驶5米多，把相机放在地上，然后再后退，当它退到起点时，相机拍下了这张照片。

　　火星车接着后退，当退到更远的位置时，相机拍下了火星车和着陆平台的合影。为了这样的小事，我们费了好多心思。下图就是这张合影。

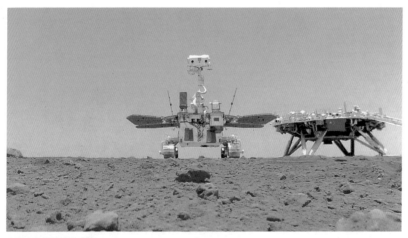

火星车与着陆平台合影

我们为什么要去火星?

最后,我要讲一讲,我们为什么要去火星? 不同的人会给出不同的答案。

印度政府发言人在回答西方记者提问时,说道:"如果我们没有伟大的梦想,那么我们永远是伐木人和挑水工。"

俄国"火箭之父"齐奥尔科夫斯基有一句著名的话:"地球是人类的摇篮,但是人不能永远生活在摇篮里。"

科学家希望了解,这颗红色的行星上是否曾经存在生命,人类在宇宙中是孤独的吗?

科幻作家刘慈欣曾说:"火星是人类进行太空移民的第一选择。最有可能的情况是,当危机到来时,人类才投入全部力量到地外世界的探索和开拓中去。而其实人类移民到火星需要漫长的时间来实现。"

某位哲学家讲过一句话:"你要问去火星有什么意义,那么请

ZHURONG
EXPLORE THE MARS
天涯共此时

BJT : 2021-5-25 13:27   SOL : 11 13:27   /   BJT : 2021-7-02 04:47   SOL : 48 04:47   /   BJT : 2021-8-06 18:24   SOL : 84 18:24

Pictures by Tanhao(N)

问若干亿年前海洋生物第一次爬上陆地有什么意义？"

我们为什么要去火星？我也试着给出我的答案。

火星的一天对应24小时40分钟，地球的一天是24小时，所以每隔37天"祝融号"就会和地面上的我们经历同一个时刻，于是就有了前面的那张图片，名为"天涯共此时"。在"祝融号"成功降落的3个月里，它和我们一共经历了3个相同时刻。

日落时，火星的表面不是红彤彤的，而是淡蓝色的。

火星也有"月亮"，不过它有点儿小，不可能把太阳全都挡住，无法形成地球上的日食景观，但只持续几十秒的火卫一凌日也很壮观。

还有一个难得一见的天文奇景。对火星而言，地球属于内行星，所以我们能看到地月系统凌日。两个小点从太阳表面上缓缓滑过，这个过程持续3小时左右。有时地球和月球的距离比较远，几乎横跨整个太阳的表面，有时它们的距离比较近。

在对页下图中，蓝色的暗点是我们的地球，灰色的暗点是月球。这里，我想化用一首古诗的两句：人言落日即天涯，又见天涯又

日落时的火星

火卫一凌日

地月系统凌日 1

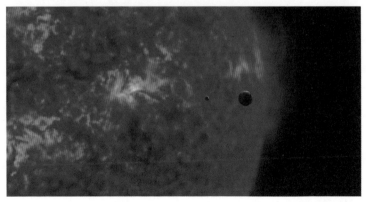

地月系统凌日 2

见家。[1]

通过这几张图片，我想要表达的是，探索火星的意义在于为人类增加一个视角，人类可以从这个视角看火星、看地球、看太阳系，甚至看整个宇宙，也包括审视人类自身。

---

1 原诗为：人言落日是天涯，望极天涯不见家。出自宋代李觏《乡思》。

思考一下：

1. 火星车的设计考虑了哪些因素？

2. 火星车的太阳翼是如何设计的？经历了哪些设计方案的演变过程？

3. 火星车的车轮隐藏了什么设计巧思？

4. 火星适合人类生存吗？我们为什么要去火星？

演讲时间：2021.8
扫一扫，看演讲视频

微小卫星
卫星中的猎豹

陈宏宇
复旦大学光电研究院教授

小卫星，大本领

大家应该都听说过"人造卫星"，它们是由人类建造，通过太空飞行载具（如火箭、航天飞机等）发射到太空中，像天然卫星一样环绕地球或其他天体运行的装置。

但是大家知道吗，卫星有很多类型：按照用途分，可分为通信卫星、导航卫星、遥感卫星等；按照卫星所处的高度分，可分为高轨卫星、中轨卫星和低轨卫星……总之，卫星的类型不同，功能和特点也不同。就像汽车可以分为轿车、大巴、越野车、工程车等，它们的适用场景不同，特点也不同。

卫星也分"大块头"和"小个子"。一般来说，一吨以下（如几十千克、几百千克）的卫星，通常叫作微小卫星。

如果说传统的大卫星像笨重的大象，那现代的微小卫星就像一只猎豹，更灵活、更精巧。

相比功能强大的大卫星，微小卫星有其独特的魅力。具体来说有以下几个方面。

首先，微小卫星更精巧，具备更高的集成度。这就像以前厚重的台式电脑升级成笔记本电脑一样。这样一来，卫星的成本就会变

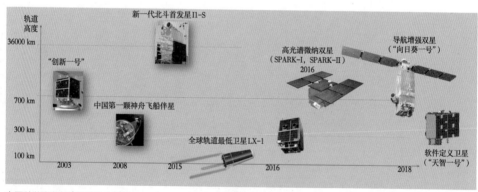

中国科学院研制的部分微小卫星

低。只有卫星的成本低了，它才能从科学的顶峰，走进"寻常百姓家"，让所有人都获益。当然，要想降低成本，卫星制造就要符合工业化生产的流程，比如有一些标准的模块、接口和组件，以便实现批量生产。

其次，微小卫星可以组成一张"天网"。网络中的卫星能够彼此通信，能够互联，能够进行信息交互。就单星的功能而言，微小卫星和大卫星可能比不了，但形成网络后，微小卫星团队的作用就可能超过大卫星。例如，我国的北斗卫星现在已经组成了一张由几十颗卫星组成的卫星网。

最后，微小卫星能够越来越智能。本质上，卫星是工具，它们不应该是众星捧月的明星，而应该为人类服务，让人类能够更方便地使用它们。因为微小卫星成本低、数量多、生产快，可以不断地迭代、升级，所以更有机会使用新材料、新技术，这样，它们就会越来越智能、越来越好用。

下面，我们就来认识几种新奇的微小卫星。

伴随卫星：卫星的卫星

第一种微小卫星叫作伴随卫星，简称伴星。

这个名称很形象。例如，神舟飞船这样的大航天器会释放一颗伴星，伴星会围绕着它旋转，同时进行拍摄和监测，起到监视护航的作用。伴星就像大卫星的小护士、小保镖。以前，我们国家并没有伴星。研发时，我们要思考的第一个问题是，如何实现它的伴随功能。能否借助万有引力呢？让质量更大的大星吸住小星，使小星在万有引力的作用下绕大星飞行。

事实上，这种想法经不起推敲，万有引力公式是 $F=G\dfrac{Mm}{r^2}$。

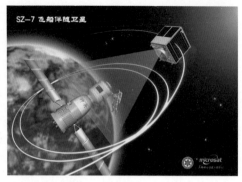

"神舟七号"及其伴星（想象图）

我们可以简单地把卫星的质量代入并估算，得出的引力微乎其微，不足以让小星绕大星做圆周运动。

那应该如何实现微小卫星的伴随功能呢？我们可以通过"神舟七号"的伴星来了解其中的原理。

"神舟七号"是我国载人航天工程发射的第七艘飞船，执行了第三次载人航天飞行任务。"神舟七号"于2008年9月发射升空，有一颗伴星被放在了它的顶部，随它一起入轨。在入轨后的适当时机，飞船上的航天员启动释放装置，固定伴星的包带会解锁，弹簧机构将伴星准确送入既定的轨道。伴星主要利用太阳方向和地磁信息实时计算飞船目标相对方向，并通过轨道参数的精细控制，实现对大星的相对环绕飞行和观测。

"神舟七号"的这次载人航天任务实现了两个"第一次"：我国的航天员第一次实现出舱活动；我国第一次实现了微小卫星伴飞，成功完成了多项技术试验，开启了中国航天技术的新篇章。

"神舟七号"的伴星是非常智能的，它既可以保证自身姿态的稳定，又可以将自带的相机对准飞船，并选择合适的阳照窗口。也就是说，它能在太阳正好照在飞船上且是顺光的时候，拍下一系列的照片和视频。

对页上方两张图是我国第一次在空中拍摄的太空飞船照片。左图是伴星刚刚释放时的情况，黑色的方块就是伴星投射在飞船上的影子。右图是伴星飞到距飞船100多米的地方时拍下的照片。

遗憾的是，右图中的太阳能帆板有些过曝。因为天上的太阳光

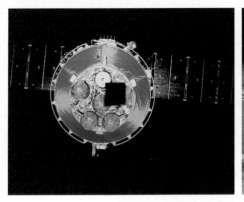

伴星刚释放后拍摄的飞船照片　　　　伴星在南大西洋上空拍摄的飞船照片（距飞船约162米）

非常强烈，把帆板表面照得非常亮，伴星上的相机无法自动测光，曝光量的大小是事先估算好，用公式计算出来的，所以出现了偏差。

我们想弥补遗憾，拍出更漂亮的照片。在2016年，机会来了。我们随"天宫二号"发射了一颗升级版的伴星。

此时，"神舟十一号"和"天宫二号"已经形成一个组合体了。这次，伴星拍摄的照片非常清晰，我们能看到很多细节，包括外面的电缆、管路等。

从"神舟七号"的伴星到"天宫二号"的伴星，伴星尺寸更小，功能密度更高。卫星上的载荷，即各种相机、实验装置变多了。"神舟七号"的伴星上只有1台实验装置，而"天宫二号"的伴星则装配了6台不同的实验装置。

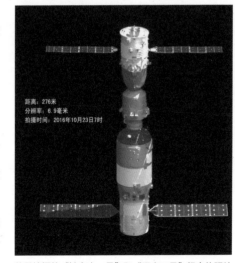

伴星拍摄的"神舟十一号"和"天宫二号"组合体照片

为了实现伴星尺寸小型化和功能密集化，工程设计上肯定会存在很多约束，比如卫星的重量、尺寸、功耗都不能超标，必须有一定的安全轨道等，但我们在应对挑战时也体会到了独特的乐趣。所以有人说"做工程就是戴着镣铐跳舞"。

超低轨道卫星：挑战卫星轨道的高度底线

"力星一号"是一颗稀薄大气科学实验卫星，2016年8月16日，它搭载"墨子号"科学实验卫星的运载火箭，在酒泉卫星发射中心成功升空。"力星一号"是迄今为止轨道高度最低的人造地球卫星。它的研发过程既有意思又充满挑战。

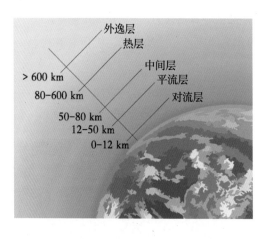

这张图展示了我们头顶空间的层次。客机一般在万米高空飞行，军用飞机可能飞得高一些。无人机能够飞得更高，但高度至多二三十千米，更高的地方大气比较稀薄，缺乏空气动力，飞机就飞不上去了。飞艇的飞行高度可达到80～90千米。而一般的卫星飞在300千米以上的高空。

对我们人类来说，外太空可被视为真空的，但对卫星而言，微量的气体分子足以影响卫星的飞行。因为卫星的速度太快了，第一宇宙速度是7.9千米/秒，在疾速飞行的过程中，气体分子的撞击会使卫星轨道快速地衰减。

我们的空间站所处的高度在400千米以上，没有卫星能够在

300千米以下的高度长期飞行。我们头顶以上70多千米到150千米之间的区域被称为过渡流区。这是人类没有涉足过的神秘区域，里面有怎样的空间环境，有多少分子，是什么状态，我们了解得并不清楚。很多科学家都想对这里进行研究，但没有手段进入这里。

国外科学家是怎么研究过渡流区的呢？他们会使用一种给太空旅游做准备的太空船。太空船从地面发射，但到达100千米的高空后很快就会掉下来，太空船在这个高度只能待不到10分钟，无法平稳地长期飞行。

国外科学家也尝试通过使卫星从高轨道逐渐向更低的轨道高度下降的办法来研究过渡流区。例如，欧洲航天局的GOCE卫星最低下降到了260千米的高度，但它没有继续下降，因为下面的空气阻力太大了，欧洲航天局的科学家心里没底。又如，2017年年底，日

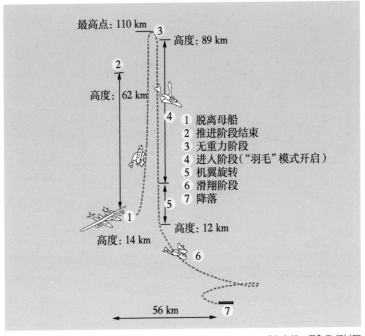

"太空船二号"飞行过程

本发射了一颗"燕号"卫星，它是一颗超低轨道卫星，日本科学家也很谨慎，"燕号"逐渐降低轨道，用了一年多的时间最终降到了170千米左右的轨道后陨落。

但我们的科学家胆子很大，他们一上来就想做一颗轨道高度只有100千米的卫星，它不仅要飞得低而且要飞得久。

为此，科学家提出了"保三争一"。"保三"指保证卫星飞三圈。卫星绕地球飞一圈约1.5小时，三圈就是近5小时，足以采集到全球很多的数据。"争一"指争取飞一天，也就是16圈。当然，这是非常理想的情况。

科学上的目标确定后，挑战就留给了工程师。困难有多大呢？大家可以用这张表来感受一下。

不同高度的空气密度

高度（km）	密度（kg/m^3）		
	最小	平均	最大
70	—	8.770×10^{-5}	—
80	—	1.905×10^{-5}	—
90	—	3.396×10^{-6}	—
100	—	5.297×10^{-7}	—
110	6.0×10^{-8}	9.661×10^{-8}	3.0×10^{-7}
120	1.0×10^{-8}	2.438×10^{-8}	6.0×10^{-8}
130	4.5×10^{-9}	8.484×10^{-9}	1.6×10^{-8}
150	1.2×10^{-9}	2.070×10^{-9}	3.5×10^{-9}
200	1.0×10^{-10}	2.789×10^{-10}	3.2×10^{-10}
300	1.6×10^{-11}	2.418×10^{-11}	8.8×10^{-11}
400	3.7×10^{-14}	3.725×10^{-12}	5.0×10^{-11}
500	1.3×10^{-14}	9.967×10^{-13}	3.0×10^{-11}
600	—	1.454×10^{-13}	—

表中显示的是不同高度的空气密度。我们可以重点关注两个高度的数据：400千米（400千米是我们的空间站以及国际空间站的飞行高度）和110千米。我们只看空气密度值的上角标，一个是-12，一个是-8。这就意味着110千米高度的空气密度是400千米的万倍以上，相当于要让飞机从空中开进水里，而且要保持着在空中的速度。这么大的空气密度差别，会给卫星的工程设计带来一系列难题。

第一个要解决的难题是如何让卫星保持姿态的稳定。对会游泳的人来说，在水中保持身体稳定很轻松，但不会游泳的人就会在水里原地打转或者翻跟头。超低轨道卫星也是一样的，在这么"稠密"的空气中飞行，它受到的空气阻力是高轨卫星的1万倍，稍有不慎就会翻跟头。

用什么办法可以避免卫星翻跟头呢？有一种常见的球在空中飞的时候很稳定，大部分人都玩过，它就是羽毛球。羽毛球飞行时为什么不会翻跟头？这是有科学原理的，因为它的羽毛在后面，重心在前面。这给了工程设计很大的启发，经过精密计算和很多仿真设计，大量的数据表明仿照羽毛球的设计是可行的。

下页图是"力星一号"的定版构型，这是它"裸体"的样子。它不太像卫星，更像一枚导弹——有翅膀，呈锥柱形。这样的流线型设计能够让它在空中飞得更好。

最终，"力星一号"随"墨子号"发射上天。"墨子号"是主星，到达500千米高空后，"力星一号"就会脱离"墨子号"，然后再缓慢下降到100千米的高度。

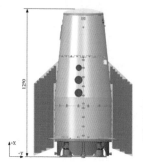

"力星一号"的定版构型

"墨子号"和"力星一号"

　　第二个难题是热的问题。这个问题更难解决。高速飞行时，卫星的头部温度能达到600～700 ℃，这么高的温度，电子元器件肯定无法工作，所以我们一定要解决热的问题，不但要隔离来自外界的热量，还要让内部的机械工作产生的热量散出去。

　　我们采用了各种先进的隔热方法。首先，我们使用了导热性非常好的石墨烯，这种材料在智能手机中也有应用。其次，我们使用了纳米材料气凝胶，这种材料非常轻便。我们甚至还采用了高硅氧布，这种材料通常用于消防服。通过这些方法，我们确保了在轨卫星能保持适宜的温度。

　　第三个难题是降轨问题。这还与"稠密"的空气有关。前面提到的日本超低轨道卫星在我们的超低轨卫星任务完成后一年才发射入轨，从500千米下降到170千米用了一年多的时间。而我们的卫星从500千米下降到100千米只用了一天的时间，非常快。这体现了我国科研人员的胆识和对技术的游刃有余。

　　第四个难题是维持问题。由于没有地面的支持，卫星必须自主识别所处高度。它一共用了4种轨道控制方法，测量自己到达的高度和下降的速度。而且降到100多千米后，它还要自己维持高度，不让自己坠落。在这个高度上，卫星如果不做轨道控制，2小时左右就会掉到地面了，但是我们的卫星在轨飞行了4天，取得了巨大的成功。

光谱微纳卫星：地球的高清摄影师

　　虽然现在发射卫星已经不像几十年前那样少见了，但卫星还是太贵，研制周期太长，用户体验似乎也不好。怎么做才能让卫星物美价廉呢？2014年，在发射光谱维纳卫星的时候，机会来了。

　　什么是光谱微纳卫星？"微纳"用来形容卫星小，像微米、纳米技术那样造微入妙、芥纳须弥。通过高度集成化、模块化和功能软件化，使卫星的重量低于100千克。

　　"光谱"指的是卫星要携带的一款非常先进的高光谱相机。传统的相机以及智能手机都是用RGB（红、绿、蓝）三种颜色来再现七彩的世界的。而高光谱相机可以用100多种颜色来呈现这个世界，所以它拍出来的照片非常清晰，色彩非常丰富，甚至我们能分辨出照片中的真草地和人造草地。

普通遥感图像

真草地　　　　人造假草地

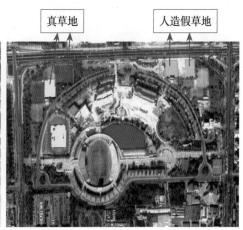

高光谱遥感图

像拼乐高一样"拼"卫星

既然卫星携带的相机这么高级，那么卫星也一定要既高级又好看。传统卫星的内部并不好看，里面除了很多黑盒子，还有很多线缆。我们决定借这次机会把卫星从里到外做得漂漂亮亮的。

我们先把卫星内部的电路板全部拆出来并整齐地排好，做统一的机箱，做综合电子舱。卫星的"面子"也要顾及，不能有螺钉的凸起，要光滑。还有一个能显示卫星高级感的方面是模块化的程度。卫星能不能像乐高积木一样，做很多标准的模块，需要什么样的卫星就选择相应的模块，从而快速地组装好？经过我们的努力，这些任务都很好地完成了。

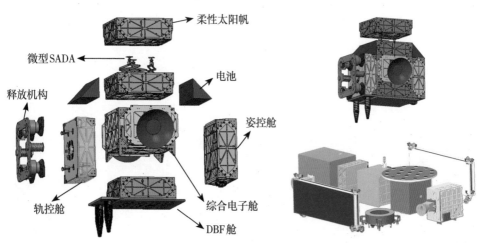

卫星的通用模块化设计

卫星是航天器，要在天上工作。因此更重要的是，它要好用。

跟智能手机一样，要想让卫星运行起来，首先得有电。所以，卫星要有很大的太阳能帆板来保证足够的电力。但是，卫星是由火箭发射到天上去的，受到发射成本等因素的限制，卫星要尽可能做得小。这要求卫星的太阳能帆板在满足功能要求的前提下也要尽可能占用更小的空间。因此，卫星的太阳能帆板一般会收拢起来，直到卫星入轨后，再轻柔地展开。

借助太阳能帆板，我们的光谱微纳卫星虽然仅重42千克，但在轨可获得150瓦能源。它在轨拍摄了很多美丽的照片。这是它拍到的第一张照片，对象是我国西藏地区。

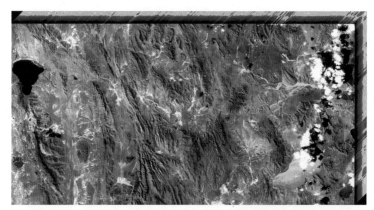

光谱微纳卫星拍摄的第一张照片

用类似的设计思路和方法，我们可以很快制造出更多的微小卫星。仅在2018年这一年的时间里，我国就发射了两颗微小卫星——导航通信一体化增强系统星座的首发卫星"向日葵一号"和首颗软件定义卫星[1]"天智一号"。随后，我国又相继发射了量子卫星"墨子号"的小型版和引力波探测卫星的小型版。

"向日葵一号"还有两个兄弟，它们都诞生于新一代微纳卫星WN100平台，这个平台可以通过标准化和模块化的设计理念，用流水线的方式组装和批量生产卫星，进一步减少研制的成本。

未来，我们希望能够以工业化的方式批量生产微小卫星，为建

---

1 软件定义卫星：在一个卫星平台上，通过加载更多软件，让卫星完成更多任务。

造卫星星座（星网）奠定基础。举个例子。我们可以发射数百颗卫星覆盖全球,将北斗卫星导航系统的定位精度从米级提高到厘米级。这样，当汽车行驶在高架桥上时，导航系统就能清楚地判断汽车是在桥下还是在桥上，并且能够准确地分辨所处车道。这种技术必定能为全面自动驾驶的早日实现奠定技术基础。

思考一下：

1. 与大卫星相比，微小卫星有哪些特点？

2. 文中重点介绍了哪几种微小卫星，它们各有什么用途？

3. 研制超低轨道卫星有哪些困难？科学家是如何解决这些难题的？

演讲时间：2019.1
扫一扫，看演讲视频

离不开的时空，
离不开的北斗系统

杨元喜
中国科学院院士

人类认识事物的变化都是从时间和空间开始的。我们的日常生活、每天的出行都需要时空信息。朋友约会时，我们必须明确时间和地点；购物、寻医，甚至如厕时，我们也要知道途径。这就叫定位导航和定时，简称PNT。P是Positioning（定位），N是Navigation（导航），T是Timing（定时）。

　　现代城市的高效运行同样离不开时空。没有时间，就没有稳定的电力。大家想象一下，没有电，世界会是什么样的？没有时间，我们的5G通信就可能中断。如果手机无法使用，大家该怎么工作？同样地，没有时间，金融系统、网络通信系统可能会瘫痪。我们的物流、交通、无人驾驶以及无人机的编队……哪一项能离开时间，哪一项能离开空间呢？

战争也离不开时空。无论是古代战争还是现代战争，哪一场战争能离得开时间和空间？如果没有时间和空间，单兵作战、集团作战、联合作战、武器载体、指挥平台……怎么联合？在任何一场战争中，我们都得知道我们自己在哪里，我们的友邻部队在哪里，我们的目标在哪里，我们如何才能找到目标，什么时间开始联合行动。

大型工程离得开时间和空间吗？同样离不开。所有大型工程的运行都需要空间信息，国家的高速公路、高速铁路的建设能离开空间位置信息吗？大型的水利工程不但需要位置信息，还要知道两地之间的高差，总不能让水从低处往高处流吧？在"一带一路"工程建设中，我们不但要修建公路、铁路、航路、水路，还要建设信息高速公路。这些都离不开时间和空间。

南水北调工程（上）和高铁建设工程（下）

我们每时每刻都在定位、导航与定时

司南（模型）、罗盘和指南针

　　首先，我们要回答几个问题。什么是定位？定位就是获取位置信息。什么是导航？导航就是确定当前位置和目标位置，并参照地理、环境信息修正航线、方向、速度以抵达目的地的手段。什么是定时？定时就是利用外部授时信息和自身守时信息共同确定时间的过程。大家的智能手机既能授时，也能守时，还具有多种定位方法。那么，新的问题来了——定位就是导航吗？定位不等于导航。能够定位，不代表一定能够导航。定位加上制导或者参照，才叫导航。所有的人都使用过导航，即便是我们非常熟悉的路线，我们也要用视觉观察路径，然后将其和记忆中的路径做景象匹配，这叫作匹配导航。所以，在日常生活中我们每时每刻都在使用导航。

　　早在战国时期，我们的祖先就发明了导航的装备——指南针。他们利用地磁场的南北极属性，把具有两个磁极的磁体组成一个罗盘。罗盘可以指示方位，从而帮助定向。我认为发明指南针是中国

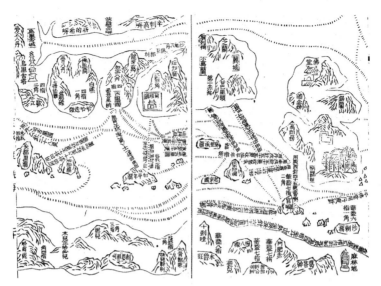

郑和航海图

对国际导航事业做出的极大贡献。秦汉时期中国和朝鲜、日本的海上往来，隋唐五代中国和阿拉伯国家在"丝绸之路"上的贸易往来，以及宋代大量中国商船在南太平洋和印度洋上的航行，都要靠指南针和天文导航。明初的航海家郑和七下西洋靠的就是指南针和天文导航。

　　说到天文导航，大家一定会想到星空。无尽的星空就像一本无字天书。闪烁的繁星不仅给予我们光芒，还能为我们导航。星体是按照特定的规律运行的，我们如果把这些特定的规律制成星表，就可以通过观测某一颗恒星或者几颗恒星的位置知道自己所处的经度、纬度。在浩瀚的海洋、无垠的大漠和崇山峻岭中，我们通过看星星、看太阳就能定时、定位。天文导航就是通过观察太阳和其他恒星的位置来确定地面点的经度和纬度的。有个美好的传说：一天，福建泉州的渔民划着小船在海上打鱼。当他们打了一船鱼高高兴兴地想回码头的时候，天空突然乌云密布，这对渔民来说几乎是灾难。好在短暂的狂风暴雨之后，天空放晴，渔民看到了北极星，于是兴

北斗七星和北极星

高采烈地唱着渔歌，回到了码头。看到北极星后他们为什么那么高兴？因为看到了北极星，他们就能知道码头的大致方位。

北京的古建筑中有很多日晷，日晷可以分为平面晷和斜晷。斜晷是平行于赤道面、倾斜放置的日晷。我们可以通过测晷影的方向来定时间，通过测晷影的长度来定纬度。我们还可以通过观察日影的方向来确定太阳时。

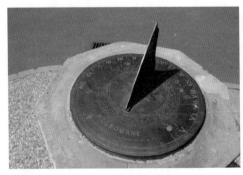

平面晷

斜晷

元朝在全国各地共建了27处天文观测站，以进行大规模的天文测量（包括测量黄赤交角）。郭守敬在其主编的《授时历》中将一年测定为365.2425天，和现行历法的历年平均长度相差无几，非常精确。《授时历》从公元1281年颁行，沿用了近400年。这是我们的祖先对时间的贡献。

郭守敬雕像

导航还包括惯性导航。它可以利用惯性敏感器测量加速度，计算出速度，从而确定相对位置和相对距离。我们如果还知道初始位置，就可以确定载体的动态位置。惯性导航具有很好的隐蔽性，在舰船和飞机上被大量使用。

还有一种导航叫匹配导航。大家在日常生活中都用过匹配导航，在一个陌生的地方通过看地图找到要去的地方，这就是典型的匹配导航。其实匹配导航在古今战争里都被广泛使用着，甚至现在的巡航导弹仍在用匹配导航。一旦北斗失灵、GPS失灵，就可以用地图进行匹配导航。世界上现存最早的以实测为基础的地图——驻军图，就是长沙马王堆三号墓出土的画在帛上的地图。在当时，那就是一张精确测量的军事地图。

除了利用地图，匹配导航还可以利用重力场、磁力场。世界上每个地方的重力场都是不一样的，每个地方对我们的引力都有微弱的不同。我们可以通过传感器测量重力和磁力。将测量好的数据与地球物理数据进行匹配并标上经度和纬度，我们就可以知道自己所处的位置。在水下没办法用北斗进行导航的时候，就可以用磁力导航和重力导航。

汽车导航

无线电导航也是一种重要的导航方式，可以测速、测向，包括陆基无线电导航和星基无线电导航。北斗、GPS就是典型的星基无线电导航。

创新是北斗的唯一出路

下面，我来简单地介绍一下北斗卫星导航系统。

北斗卫星导航系统在建设之初遇到了很多的挑战。作为国家重要的基础设施——这是我个人的描述——它必须做到自主、可控。自主意味着不依赖他国的技术，因为依赖就得顺从，就得受控制，就得交学费，就得看脸色。作为国家的空间基础设施，北斗还要做到可控。自主不等于可控，有的项目做到了自主，但是技术不可控，因为重要的技术都有专利，所以北斗无法照搬GPS、Galileo（伽利略）等全球导航卫星系统。要想发展独立自主的卫星导航系统，留给我们北斗人的只有一条出路——创新。

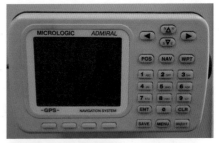

GPS 接收机、Galileo 个人服务、GPS / GLONASS 组合接收机

北斗系统的建设不但要标新，还得立异。标新不是追求外表的靓丽和名词的新颖，而是追求技术的突破和性能的超越。立异不是为了花哨，也不是为了哗众取宠，而是追求丰富的功能和鲜明的应用特色，否则北斗就不可能有市场。因为已经有了GPS和GLONASS（格洛纳斯）这样出色的卫星导航系统，所以，无论是标新还是立异，都要求北斗卫星导航系统必须管用、有用、好用。然而，好用不能只靠我们北斗人说。北斗是一个透明的系统，全球的用户都可以监测它，都可以对它做出评价。

在20世纪80年代，中国在决定构建北斗卫星导航系统之初，确定了"三步走"战略。第一步，解决"有无问题"。我们发射了验证系统"北斗一号"（BDS-1），它有2颗工作卫星，属于有源定位系统。第二步，将有源[1]和无源[2]结合起来。于是，我们发展出了"北斗二号"（BDS-2），它服务于亚太地区，做到了有源和无源相结合。用户不主动请求，它也能定位。"北斗二号"在2012年年底正式开通服务。到"北斗三号"（BDS-3），我们做到了覆盖全球的定位导航，实现了从区域到全球的突破，这也是"三步走"战略的第三步。

1　有源：有源时间测距的卫星导航定位技术。用户终端主动通过导航卫星向地面控制中心发出定位申请信号，然后地面控制中心发出测距信号，根据信号传输的时间测定用户到两颗卫星的距离，结合高程数据库，推算出用户的位置。

2　无源：无源时间测距的卫星导航定位技术。用户被动测量来自4颗以上导航卫星发出的信号，根据信号传输时间测定用户到这些卫星的距离，然后通过数学运算得到用户的三维坐标与接收机钟差。

2020年7月31日，中国向全世界宣布：中国北斗卫星导航系统向全球用户正式提供服务。这表明中国为全球卫星导航系统体系的建设做出了贡献。卫星导航系统听起来"高大上"，它确实也是这样的，因为它是高新技术。但它的原理又极其简单。

下图中的铁塔代表大地测量控制点，大地测量工作者先把这些点的位置测出来。卫星发射信号时，所有控制点都能接收到它的信号，然后测量时间差、距离，这样就可以把所有卫星的位置算出来。导航时，汽车接收卫星的信号，由于卫星的位置已知，根据三维坐标与距离的关系，利用3颗卫星，就可以组成3个方程式，解出汽车的位置。但考虑到卫星的时钟与接收机的时钟之间存在误差，实际上有4个未知数，即x、y、z和钟差，因而需要引入第4颗卫星，以形成4个方程式进行求解。我们解个四元方程还难吗？卫星导航的原理就是这么简单。

有的人可能会说，这么简单的东西竟然需要那么多科学家花费

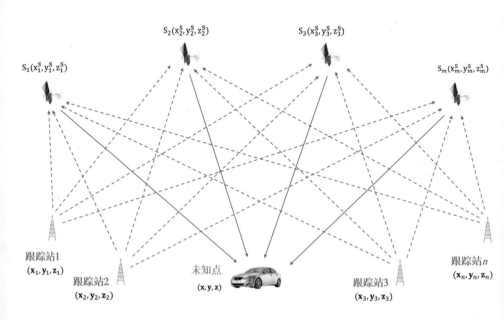

那么多资金。其实，在解决这个几何问题之前，我们要先解决其他问题。为了把时间测准，我们需要研制原子钟；为了把坐标测准，我们要确定坐标基准；空间信号从太空传到地面，我们还要解决电离层和对流层的延迟问题……一大堆问题等着我们去解决。

"北斗三号"有多厉害

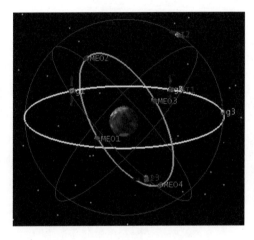

　　"北斗三号"由30颗卫星组成，其中有3颗地球静止轨道（GEO）卫星、3颗倾斜地球同步轨道（IGSO）卫星以及24颗中圆轨道地球（MEO）卫星。

　　首先，北斗导航信号做了创新设计，信号的抗干扰、抗多路径误差能力更强；我们设计了全球短报文，单次通信支持约40个汉字，特殊用户还可以使用北斗的区域短报文，单次通信支持约1000个汉字。此外，北斗星座专门设计并实现了星间链路。北斗部分卫星具备全球搜救功能，不但设计了一般的搜救功能，还设计了反向链路。这样就确保我们收到用户的求救信号后能够向用户反馈，告诉用户我们收到了信号以及他所处的位置，用户就不需要不停地发送求救信号了。因为人在面对危险时会有很强的求生欲望，从而不停地呼救，有时就会导致设备没电，搜救任务失败，特别是在海洋上。所以，我们进行了改善，加了一个反向链路。另外，我们还做了星基增强系统，GPS、GLONASS、

Galileo都有单独的增强系统。但北斗不同，我们把星基增强系统直接嵌入卫星，它可以支持飞机的精密进近。我们实现了自主定轨功能，构建了云平台运行控制系统，让北斗卫星导航系统不受单一系统的控制。

在北斗系统的3类卫星中，GEO卫星的功能是最强大的。除了PNT（导航定位定时）之外，它可以进行星基增强，还可以提供区域短报文通信服务，甚至可以进行精密单点定位。传统的精密单点定位一般就是通过国际互联网让用户获得导航星座精密轨道和精密卫星钟差，从而进行高精度的计算，以确定自己的位置。大家想想，如果我在荒漠、高原或者海洋中，那里没有5G，也没有网络，我怎么能得到这些信息？我们想了一个办法，把这些信息直接上传到北斗同步卫星，再通过同步卫星播发给用户，这样问题不就解决了吗？这是北斗系统的一个创新点。我们还有轨道倾角为55°的IGSO卫星，它们不但可以提供导航定位，而且能提供区域信号增强服务。IGSO卫星的星下点[1]主要在亚太地区画"8"字。另外还有24颗MEO卫星，它们的轨道倾角也是55°，MEO卫星可以提供全球高精度定位，还可以提供全球短报文和国际搜救服务。

1　星下点：卫星在围绕地球运行的轨道上的瞬时位置与地球中心之连线在地球表面的交点。

2022 年 2 月 iGMAS[1] 全球监测结果

	水平（m）	高程（m）	空间信号精度（m）
BDS（B1C）	1.76	3.14	0.49
GPS（L1C/A）	2.23	4.28	0.85
GLONASS L1 ST	8.56	14.08	4.07
Galileo E1 B	1.67	3.08	0.41

在性能上，北斗的定位精度怎样呢？目前，我们有4个频点在工作，2022年2月的全球监测结果显示，B1C频点的水平精度是1.76米，高程精度是3.14米，空间信号精度是0.49米。和GPS相比，北斗更好。GPS的水平精度是2.23米，高程精度是4.28米，空间信号精度是0.85米。不过，北斗比Galileo略差。在亚太地区，北斗能达到的水平定位精度是1.3米，垂直精度2.14米；在全球范围内，能达到的水平精度大概是1.53米，垂直精度是2.59米。也就是说，北斗的服务性能与GPS相当（甚至优于GPS），优于GLONASS。在区域短报文方面，北斗系统的3颗GEO卫星用户可以在亚太地区使用区域短报文服务。也就是说，用户可以在没有手机网络信号的情况下使用北斗的短报文进行通信。这对海洋、沙漠地区的用户来说是极其方便的。目前区域短报文服务的上行容量是每小时约1530万次，下行容量是每小时935万次，成功率高达99.6%。此外，北斗系统还有RDSS[2]，即有源定位，可以用于位置跟踪，水平精度在10米左右。

---

1 iGMAS：全球连续监测评估系统。
2 RDSS：卫星无线电导航业务。

北斗系统的应用

在应用上，北斗已经嵌入了智能手机，我国国产智能手机都能使用北斗。北斗应用插件已经嵌入汽车，可以支撑智能驾驶；嵌入高铁，可以支撑高铁的平稳运行。北斗系统可以嵌入公共交通、舰船、互联网、通信、机械、农业、电力等各个领域，以支撑社会的智能化运行。

北斗系统可以应用于滑坡监测。抛洒式北斗系统在被抛洒后，可以依靠短报文通信不停地向中心传输监测点的形变量信息。即使在发生滑坡"牺牲"后，它也可以把信息传回来，好处就是可以迅速预警。在危急的情况下，哪怕提前1分钟，甚至20秒预警，也可

抛洒式北斗系统

以救很多人的生命。这几年，抛洒北斗系统在甘肃一带已经有大量的成功案例。目前，北斗也已经成功应用于国家坐标框架的监测。我们所生活的地球不停地在变化，北斗可以监测地壳形变和地表每天的变化。

珠峰高程测量以前是用GPS，现在有了北斗就更方便了。北斗可以在峰顶上进行精密单点定位，而且可以实时回传结果进行检测，登山队员不需要返工，在山顶上就能知道测量是否成功。更重要的是，北斗有一个特殊的功能：尽管没有网络支持，登山队员的整个登顶过程都可以被地面中心追踪到——地面中心可以知道哪位登山队员在什么地方。有了全程位置跟踪，至少可以确保登山队员不会失联。

曾经，中欧班列运输的电脑、手机经常会在半途中丢失，但是追查不到是在哪个车站丢失的。现在不用担心了，中欧班列的集装箱上面都有"北斗锁"。集装箱在哪个车站被打开过、在哪个车站

中欧班列

丢失，全程有记录。这靠的就是北斗的位置跟踪及定位定时功能。

北斗还可以参与精准农业。在广袤的农村，特别是在东北，不需要基站，北斗就可以做到厘米级定位。精准施肥、精准治虫都可以用北斗的精密单点定位。

在海洋、民航领域，北斗已经开始逐步代替GPS。琼州海峡的156座GPS航标已经全部替换成了北斗终端。到2020年年底，南海

海区已经实现了北斗遥控遥测航标的100%覆盖。

维护安全更不用说了。我国索马里护航的导航通信靠什么？那里没有5G。但北斗不仅能够知道护航编队的位置，而且可以用短报文向总部进行汇报。

北斗可以用于搜救。我国有14万渔民，渔船一旦在海洋上出现问题，就可以向北斗发送求救信息，北斗将信息发送到卫星地面站，卫星地面站将信息发送到运行服务中心，运行服务中心会联系海上救援中心。海上救援中心的工作人员马上就能通过位置跟踪查到渔民附近有哪些船可以提供帮助，就可以进行紧急救援。

现在，空间站的对接可以用北斗进行相对定位，相对定位精度可达毫米量级。另外，以前我们发射火箭后不知道火箭残骸会落在哪儿，因此需要疏散很多人，现在不需要这样做了。火箭上安装了北斗终端，它可以精确地进行位置跟踪，我们就能知道火箭残骸的落点，如果火箭有动力系统，甚至还可以让它落到我们预设的地点。

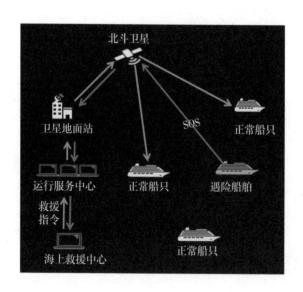

北斗的产业这几年获得了极大的发展。《2023年中国卫星导航与位置服务产业发展白皮书》显示，2022年北斗的产值是5007亿元人民币，卫星导航定位终端产品总销量约3.76亿台/套，其中含北斗的智能手机有2.6亿部，车载导航仪市场终端超过1200万台。

未来的北斗将如何发展？

那么，有了北斗是不是就高枕无忧了？并不是。北斗有脆弱性，一旦信号被遮挡、被干扰、被隔绝，它就无法工作。

所以，我们在《中国定位、导航与定时2035发展战略》里，构建了一个以北斗为核心，包括深空卫星星座、北斗卫星、低轨星座、陆基无线电导航系统、地基增强系统、海底基站导航系统等，基于不同物理原理且由多种信息源构成的，从深空到深海无缝的定位导航和定时服务基础设施体系——综合PNT基础设施。

有了PNT基础设施，问题就解决了吗？也不是。一部智能手机不可能接收那么多的信息，我们也不可能把深空拉格朗日星座、北斗星座、低轨星座、地基的信息都用来定位。更不要说还有惯性导航信息、磁导航信息、重力导航信息……信息太多了，我们需要弹性集成信息。

智能手机如果收不到北斗的信号，就应该接收别的信号，做到弹性化。所以我们提出了"弹性

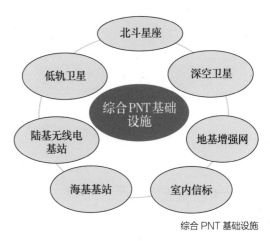

综合PNT基础设施

PNT框架"。弹性PNT是不是就是最终模式呢？不是的，弹性PNT只是一种高级模式。弹性PNT能不能逐渐转化为智能化PNT呢？这就是我们所提出的，要让专家的"知"和"识"上升到"智"，上升到计算机能识别的知识图谱，上升到智能PNT。

建设北斗卫星导航系统是中国对世界卫星导航系统做出的重大贡献。北斗的创新设计成就了北斗的高性能，北斗的特色功能成就了北斗的特色市场。卫星导航有天然的脆弱性，所以我们希望在未来构建一个从深空到深海无缝的综合PNT体系，在这个基础上构建弹性化应用模式。在弹性PNT的基础上，再加入专家的知识，让弹性PNT变成智能化的PNT。让我们共同关注中国的北斗，关注中国的PNT基础设施建设，为中国的PNT建设做出我们应有的贡献！

思考一下：

1. 在日常生活中，哪些活动需要定位、导航和授时？
2. 卫星定位导航系统的工作原理是什么？
3. "北斗三号"的各类卫星分别有哪些特色和应用？
4. 北斗卫星定位导航系统有哪些重要的技术创新和应用突破？

演讲时间: 2023.5
扫一扫，看演讲视频

回家路上，我们最想要的就是
高超声速旅行

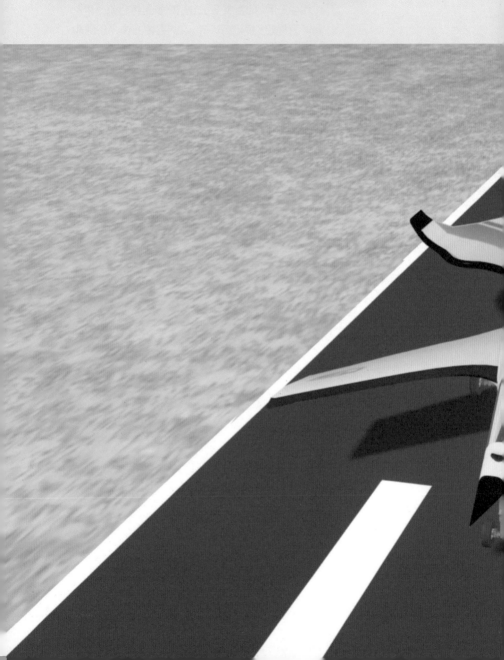

崔凯
中国科学院力学研究所研究员

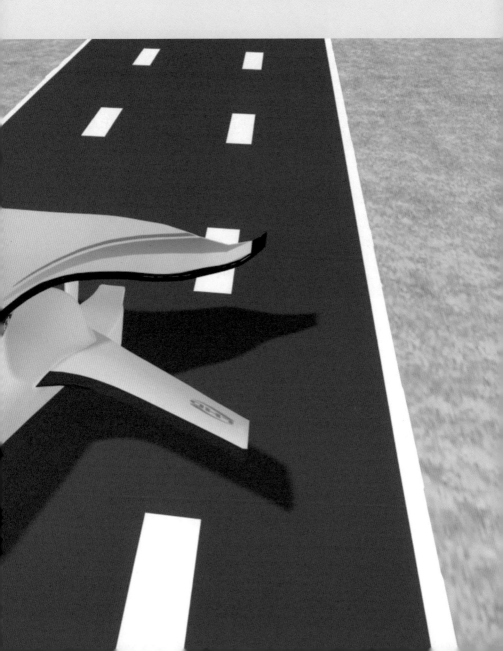

人的步行速度一般在4~5千米/时之间。我们如果想要移动得快一点儿，可以坐汽车；如果想要再快一点儿，可以乘高铁。我们可以选择的最快的交通工具就是飞机，它的速度可以超过800千米/时。

步行

汽车

火车

飞机

还有比飞机更快的交通工具吗？非常遗憾，目前没有了。从北京到美国纽约的距离是1万多千米，我们现在还做不到在3小时内跨越这1万多千米的距离。那将来我们能不能做到？我们要研究什么样的技术去实现它？这就是我下面要跟大家分享的高超声速飞行器。

在航空航天领域有一个度量速度的术语——马赫数，它是飞行速度和当地声音传播速度（声速）的比值。

1马赫数代表一倍声速。根据马赫数的定义，现在的飞机可以分为亚声速飞机、跨声速飞机和超声速飞机。目前常见的民航飞机大都属于跨声速飞机，其飞行速度通常低于声音的传播速度。历史上最快的民航飞机是协和式飞机，它的速度可以超过2倍声速，相当于每秒飞行600~700米，非常快。即便如此，人们仍在追求更快的飞行速度。飞行速度超过5倍声速时，被称为高超声速。这个术语是由我国科学家钱学森先生在1946年提出的。能以高超声速飞行的飞机叫作高超声速飞机。

飞机为什么能够飞起来

大家都玩过氢气球，手一松气球就飞起来了，这是因为氢气比空气轻。这种原理叫作浮力原理，依靠这种原理飞起来的飞行器叫浮空器。如果把氢气球换成纸飞机，松手后它会飞起来吗？不会。我为什么要提到纸飞机呢？因为无论飞机在天空中的飞行情况多么复杂，飞行速度多快，它的飞行原理与纸飞机的都是相同的。

飞机在空中飞的时候会受到重力和发动机的推力。除此之外，还会受到和空气的相互作用力，包括升力（空气将飞机托起来的力）

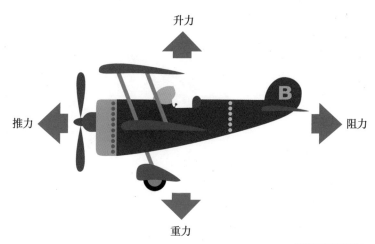

飞机飞行时的受力

和阻力（空气给的、与推力方向相反的力）。所以，无论飞机结构多么复杂，它的基本受力都只有这4个。

飞机由哪些部分组成呢？为了便于大家理解，我将飞机和人进行对比。飞机的发动机相当于人的心脏，结构系统相当于人的骨骼，飞行控制系统相当于人的神经系统，燃料相当于人的血液。

除此之外，飞机一定要有好的外形才能飞起来。仍以纸飞机为例。如果我们将一张纸折成纸飞机，轻轻一抛，纸飞机就可以飞得很远，但如果将这张纸揉成团，轻轻一抛，纸团很快就会掉下来。所以，外形对飞机非常重要。从外形来看，一架飞机主要可以分为机体和机翼两个部分。

坐飞机时，我们会坐在机体里面，机体的作用是装载人员和货物。两侧像鸟翅一样的部分是机翼，机翼对飞机非常重要，它的主要作用是产生升力。在一架飞机的设计过程里，机翼的设计可能要经过成千上万次的计算机模拟以及风洞实验。

机翼

机体

飞机的主要结构

我想再介绍两个关于机翼的有趣的小知识。大家坐飞机时是否观察到机翼内侧有两道可以伸出来的结构？这是襟翼。仔细观察可以发现，飞机起飞和降落时它会伸出来，飞机正常飞行时它又会缩回去。这是因为在起飞和降落时，飞机飞行速度较低，需要更大的机翼面积，所以襟翼要伸出来。而正常飞行时，机翼面积太大，阻力也较大，飞机会很耗油，因此襟翼要缩回去。

　　另外，大家坐飞机时可以观察一下机翼的翼尖，有的翼尖会向上弯，像鲨鱼的鳍一样，它叫作翼尖小翼。这个结构也是有空气动力学原理支撑的，因为如果没有翼尖小翼，飞机飞行的时候，翼尖会卷起非常强烈的旋涡，旋涡会使机翼的阻力大幅增加，而有了翼尖小翼后，旋涡虽不会消失，但会明显减弱，整个飞机的阻力就会明显减小。

襟翼

翼尖小翼

　　大家不要小看翼尖小翼。空中客车A320系列飞机有了它后，飞机整体的阻力大约可以减小4%，飞机一年的二氧化碳的排放量可以减少1000吨，相当于200辆家用小轿车一年的二氧化碳排放量。目前，这些有关机翼的技术主要基于现有的民航飞机，即跨声速飞机。

协和式飞机

　　历史上最快的民航飞机是协和式飞机，它是由英国和法国联合研制的。

协和式飞机

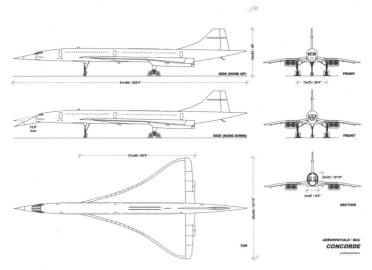

协和式飞机三视图

我们可以看到，协和式飞机和现在常见的飞机差别很大，它机身细长，两侧机翼几乎组成一个巨大的三角形，这是因为一旦飞行速度超过声音传播的速度，飞机的阻力就会大幅增加。空气动力学家研究发现，飞机采用这样的外形可以很好地减小阻力。

但是，这样的外形也有问题，因为机身特别细长，所以载客量很小。现在的大型飞机可以载200~300人，最多可以载500人，但协和式飞机的最大载客量是128人，在正常运营的情况下，载客量只有100人。此外，这样的外形虽然在飞机高速飞行的时候，可以减小阻力，但在起飞和降落时很难产生有效的升力。因此，这个问题只能通过发动机来解决，也就是说，飞机在起飞和降落的时候需要拼命加油，增加发动机的推力，用以平衡自身的重力，才能让飞机缓缓地起飞或者降落。

飞机的发动机

但这又带来了一些新的问题，飞机在起飞和降落时噪声非常大，会发出类似开汽车时猛踩油门的嗡嗡声。而且飞机的燃油消耗特别大。这些都是外形产生的问题，遗憾的是，当时并没有很好的办法可以解决这些问题。

还有一个有意思的小知识。协和式飞机有细长、尖尖的机头，在飞机正常飞行时这是没有问题的，但是在飞机起飞和降落时，机头太长会干扰飞行员的视线，使他的视野变差，就有可能引发安全事故。

于是，设计师提出一个非常巧妙的办法——让协和式飞机的机头可以变形。在飞机起飞和降落时，机头向下弯成一定的角度，大概是5°～12°，而飞机正常飞行时，机头恢复正常状态。这样在起、降时，飞行员能够有很好的视野，而在正常飞行时，飞机又可以减小阻力，这是一个非常"酷"的设计——协和式飞机有点儿像动画片里的变形金刚。

协和式飞机机头的两种状态

　　但是，因为前面提到的燃油、噪声和载客量问题，协和式飞机已经正式退出了历史舞台。2003年11月26日，它完成最后一次飞行后，就正式退役了，现在我们只能在美国或者英国的博物馆里看到它了。

　　不过，人类追求速度的脚步并未停止。

高超声速飞行器

　　近二三十年来，高超声速飞行器已经进入了我们的视野，它能飞得非常快，但实现它的难度非常大。首先，飞机一定要有发动机，但我们现在的发动机在高超声速条件下没有办法产生有效的推力。

目前，科学家正在积极推进超燃冲压发动机的研究，并已经取得了实质上的突破，甚至已经进行了飞行试验。尽管离实际应用还有很长的路要走，但我们已经看到了希望的曙光。

其次，当飞机以高超声速在空中飞行时，它会和周围的空气分子猛烈地撞击和摩擦，产生大量的热量。对飞机而言，发热不是一件好事，这些热量难以散去，只能累积在飞机上。随着飞行速度的增加，飞机表面的温度可能会达到几百甚至上千摄氏度，飞机材料就可能会软化甚至熔化。虽然现在已经有了一些能够抵抗高温的材料，但它们价格昂贵且可靠性有待提高。因此，我们仍需进行大量的研究工作。

最后，前面我们看到了跨声速和超声速飞机的外形。从跨声速到超声速，飞机的外形有很大变化。当飞行速度达到5倍声速以上的时候，飞机应该采用什么样的外形呢？遗憾的是，现在我们还不知道问题的答案。

另外，飞机在高超声速条件下会碰到哪些问题呢？第一，以高超声速飞行时，飞机会和空气分子产生强烈的相互作用，导致阻力

的急剧增加，就像我们骑自行车，速度越快，风阻就越大。

第二，我们希望飞机载客量更大，可以达到现有大型飞机的载客量，但这样飞机一定会变"胖"。就像我们变胖会导致很多问题一样，飞机变"胖"后也会产生很多问题。空气动力学方面最大的问题是，飞机一旦变"胖"，背面就会产生一道十分令人讨厌的干扰气流，这道气流会使飞机的升力减小，阻力增大。现在的解决办法很简单，美国的波音公司、赫尔墨斯公司的设想是把飞机做得扁平一点儿，这样就能把干扰气流尽可能地减弱，但代价就是飞机的载客量大幅降低。这意味着未来只有十几或二十几个人才能乘坐这种飞机，那么只有富豪才能负担得起这样的航班。

美国赫尔墨斯公司的设想方案

但是，我们希望将来这种飞机能够载更多人，该怎么解决这个问题？我用了十年的时间来研究它。十年前，我有了这样一个想法：主流思路是减弱这道气流，我们能不能反过来，通过增加一个额外的部件来利用它。我用锥体来模拟飞机的机体，在上面加了一块蓝色的方板，来模拟增加的一个机翼。对页上图是用计算机模拟得到的结果，我们可以看到方板的中间有一块红色的区域，这是一个高压气流区，也就是说，增加了机翼后，整个飞机的升力会大幅提高。

在过去的十年中，我们进行了大量的理论分析和计算机模拟，并在中国空气动力研究与发展中心（该中心拥有亚洲最大的风洞群）进行了几轮风洞实验。实验中，我们将模型放入风洞，用速度是声速数倍的气流吹向模型。我们在模型的侧边开了一个窗口，然后用一套特殊的纹影设备记录下气流流经模型时的真实情况。

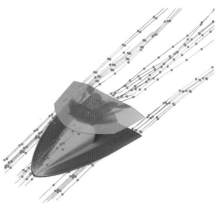

风洞实验结果

所有结果都表明增加的这个机翼效果很好。所以，在2018年2月，我和我的研究生发表了一篇文章，这篇文章提出了一种全新的高超声速飞机外形。这是由我们自己提出的飞机外形，并且在某种程度上来说，它的性能指标是世界上最好的。下面是几张设想图。虽然未来飞机的外形可能和我们设想的不同，但至少我们正在努力做自己的工作。

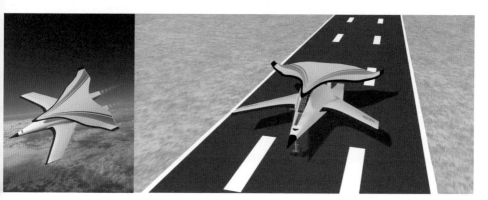

全新的高超声速飞机外形（设想图）

正如前面所提到的，高超声速飞行还有大量的问题需要解决，包括动力、材料、结构的问题。我们的工作更偏向于高超声速飞机的外形设计，我们的基础理论是空气动力学，我们的研究只涉及理论和基础性研究，但我们已经迈出了非常坚实的一步，并且这有可能是比较关键的一步。

虽然现在还没有高超声速飞机，但我相信随着技术的不断进步，我们离高超声速飞行的实现会越来越近。当然，新的问题也会出现，比如噪声问题，飞行高度的增加（将比现有飞机的飞行高度高15～20千米，达到30千米左右）可能会导致新的大气污染问题等。不过，我坚信只要我们不断努力，这些问题就都能得到解决。因为速度是我们人类永恒的追求。

思考一下：

1. 飞机为什么能够飞起来？

2. 协和式飞机为什么能飞得更快？它和普通飞机有什么不同？

3. 高超声速飞机有哪些问题亟待解决？

4. 为了减小高超声速飞行器的阻力，科学家们想了哪些解决方案？

演讲时间：2019.12
扫一扫，看演讲视频

航线千万条，安全第一条

安全第一条

飞机安全设计的科学

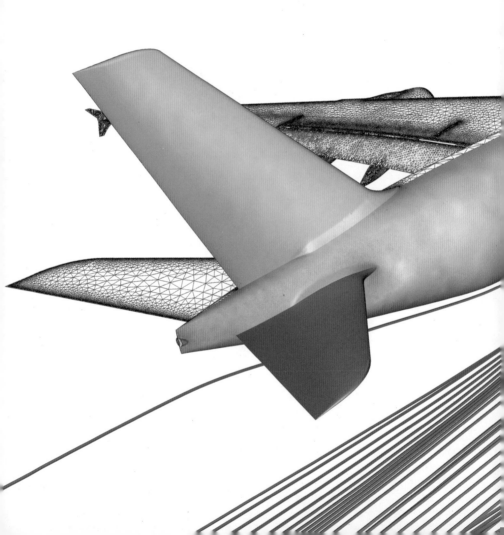

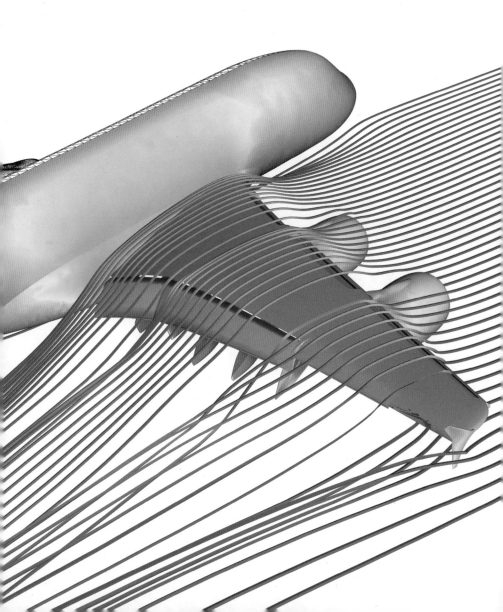

刘峰
中国民用航空飞行学院教授

人类的飞天梦

自古以来，人类就有飞天的梦想。这是敦煌壁画《飞天》。敦煌壁画是从南北朝到元朝，历经数个朝代形成的绘画作品。从这里就可以看出，我们的祖先一直都有飞天的梦想。

《飞天》

明朝有一个叫万户的人，他把火箭绑在了椅子上，希望借助火箭的动力飞上天。当然，受限于当时的技术条件，万户没能实现这个梦想，他也因此失去了生命。

1903年，莱特兄弟造出了第一架有动力的、密度上重于空气的飞行器，并试飞成功，这是现代航空史的开端。

同一时期，有没有中国人也在从事相关的研究呢？有的，他就是飞行家冯如。当时，冯如制造了两个型号的飞机："冯如1号"和"冯如2号"。他从美国回到中国，并在中国进行了试飞。遗憾的是，1912年，冯如在一次试飞中由于飞机失事失去了生命。

致命的结构问题

在飞机刚出现的年代，人们在考虑飞机安全性时，主要考虑飞机飞上天后会不会坏，机翼会不会断裂，机身上会不会产生裂纹等问题。

在没有计算机和液压设备的时代，航空先驱们如何在地面进行试验呢？他们用沙袋来进行加载。沙袋有什么好处呢？当飞机飞行时，作用在飞机上的载荷是气动力载荷，而气动力载荷是一种分布载荷，沙袋可以很好地模拟分布载荷的效果。

这里，我要给出第一个关键词——强度。简单来说，强度是结构抵抗破坏的能力。载荷超过结构的承载能力，结构就会发生破坏。

飞机的升力是飞机主要载荷之一，它是怎么产生的？我们来看一下。

升力就是机翼划过空气时，上下翼面之间的压差产生的。大家可以把下图中的二维图形看成飞机机翼的横截面。我们看到，机翼的迎角增大，向上偏转，上翼面的气流逐渐紊乱：一开始上翼面的气流处于层流[1]状态，流动得非常均匀；当迎角大到一定的程度，上翼面的气流就完全分离了。

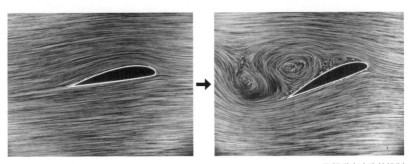

飞机升力产生的机制

上翼面的气流为什么会分离？举一个简单的例子。大家应该都见过烟柱，烟柱刚从烟囱里冒出时是很稳定的，它会直直地向上运动，但当它运动到一定高度的时候，由于烟柱里的气体分子跟周

1　层流：流体流动的一种稳定状态，流体保持分层平行流动。

围的空气分子产生了摩擦，因此烟柱逐渐产生了抖动，烟柱就不直了。

飞机的上翼面也是一样的。空气会与上翼面摩擦，在摩擦力的作用下，上翼面气流的速度会下降，逐渐产生紊流[1]。这是升力产生的基本原理，也是上翼面气流从层流变为紊流的过程。

考虑到了强度问题后，飞机是否就安全了？很多朋友经常问我一个问题：坐飞机安全吗？大家读完这部分内容应该就有答案了。我先回答第一个问题，考虑到了强度后，飞机是否就安全了？不是的。那还有哪些问题呢？

早期的一部分飞机只考虑了强度问题，航空先驱们发现，飞机在飞行中还会出现其他问题，比如机翼的变形量太大。我们知道，飞机飞行时，机翼会向上弯曲。实际上，除了向上弯曲的变形之外，机翼还会产生水平弯曲和扭转变形。

飞机高速飞行时，机翼如果刚度太低（太软），就会产生较大的变形和振动。常见的振动包括两个模态：弯曲模态和扭转模态。这两个模态会叠加在一起。如果机翼在空中出现气动力、惯性力、弹性力耦合造成的振颤，那么机翼会在短时间内解体。

吸取了这个教训后，工程技术人员开始关注刚度问题，也就是说，机体结构不仅不能破坏，其变形量也应进行严格控制。考虑了强度和刚度问题后，就出现了以下这些飞机，比如20世纪40年代

1　紊流：流体以不规则的方式流动。

DC-3飞机

"彗星号"飞机

的DC-3飞机，它最初就是作为民用客机推出的，但后来在飞行中遇到了新的问题。

比DC-3飞机更出名的是"彗星号"飞机，它是由英国生产的。这两个型号的飞机在后续的运营中都出现了严重的事故，飞行中结构发生严重损坏，甚至机身出现了破裂的情况。机体结构为什么在空中飞行时会突然破裂呢？

那是因为工程技术人员早期研究飞机结构时，没有注意到一个重要问题——"疲劳"问题。制造飞机既需要金属材料，也需要非金属材料，而目前地球上所能找到的材料几乎都存在疲劳问题。我们长时间读书会感到疲劳，材料长时间承载也会疲劳。这些飞机之所以发生了事故，主要是因为金属材料疲劳，产生了裂纹。在著名的阿罗哈空难中，飞机前半机身上壁板因金属材料疲劳问题几乎全

"彗星号"飞机方形舷窗处开裂的蒙皮

阿罗哈空难中飞机顶棚被掀开

部脱落。

从这些案例中，我们可以得出一个结论：疲劳问题是不能忽视的。从那时起，除了结构的强度和刚度，工程技术人员在进行飞机结构设计时还要对疲劳性能进行校核。

首先，要用材料疲劳试验机来测试材料的疲劳性能，获得不同载荷水平下材料承载能力的数据。有了相关数据后，就可以用理论计算或数值计算的方法，模拟裂纹产生和扩展的过程，得出合理的结构寿命。然后，通过部件和全机结构疲劳试验对分析结果进行验证，最终确定结构的使用寿命。在飞机结构疲劳分析中，通常用飞行小时数来表示结构的使用寿命。

为了证明机身和机翼结构的设计是合理且安全的，疲劳试验中分析出的使用寿命通常为实际使用寿命的3倍。只有飞机在此条件下成功完成试验并保持结构完整性，才能证明其设计的合理性和安全性。

波音707和空客A300就是考虑到了结构疲劳问题后出现的典型商用客机。

同一时期，中国有没有类似的飞机？其实也有，那就是运-10飞机。非常遗憾的是，由于当时我国财力有限，运-10飞机研制项目不得不终止。实际上，这款飞机的试飞情况还是比较好的。当时

波音707

空客A300

运-10

西藏地区遭受了雪灾，这款飞机从成都起飞，向拉萨的机场运送了很多救灾物资。

我们可以设想一下，如果当时这个项目继续开展下去，我国民用飞机的水平肯定会比现在高得多。近年我们有了自主研发的ARJ21和C919客机，进步还是非常大的。

考虑了飞机结构的强度、刚度和疲劳性能，那飞机还有没有其他问题？我们做了这么多试验，飞机好像已经很安全了，但新问题又出现了。下面4款飞机在实际运行过程中发生结构破坏时并没有达到预计的使用寿命。例如，美国F-111战斗机出现结构损伤时只飞了100小时，但根据疲劳试验，它们的寿命应该是4万小时。

飞机的预计寿命和实际寿命

年份	飞机	破坏情况	使用到破坏时间	疲劳验证试验寿命
1969	F-111	机翼枢轴接头板断裂	100小时	>40 000小时
1970	F-5A	机翼中部切面断裂	1000小时	16 000小时
1972	KC135	机翼蒙皮壁板断裂	—	
1973	F-4	机翼机身接合处机翼下耳片断裂	1200小时	>11 800小时

它们为什么这么快就发生了结构破坏？实际上，我们还忽视了一个问题。我们通常认为飞机从生产厂交付用户的时候，其结构应该是全新的，没有任何内部缺陷，但这种想法是错误的。例如，铝合金在原材料冶炼过程中可能存在气孔；制造过程中，加工刀具可能在工件上留下刀痕；在运输过程中，复合材料构件的磕碰易导致局部脱粘。这些因素都给飞机的结构件造成了初始损伤。如果这些情况没有被注意到，那么在飞机运行中疲劳载荷的作用下，初始损伤就会慢慢扩展，最终导致飞机结构出现破坏。

要怎么解决这个问题？在陆萨卡空难后，航空专家提出了一个概念，这也是我要提出的第二个关键词——损伤容限。损伤容限是什么？就是飞机结构在出厂时就是有初始缺陷的，我们应该采取措施来限制结构缺陷的发展。

采用什么措施呢？第一，我们可以规定飞机出厂时多大的初始损伤是可以接受的，要求这个损伤在飞机整个寿命期内都不会扩展至灾难性后果。第二，我们可以给飞机设定检查的间隔。到了检查时间，我们就对飞机结构进行不同级别的检查，发现问题并及时处理。

这些都是解决问题的方法。美国空军在1971年的时候就提出相关标准，并在1975年提出了损伤容限的适航规范。

用现代技术解决结构问题

从设计角度来讲，现在我们借助计算机技术和计算流体力学理论，可以较准确地计算出在空中一架飞机表面的速度场是怎样分布的：在这个空间中，每个点的速度有多大？速度的方向是什么？每个点的压力有多大？每个点的涡量是多少？并且以可视化的方式呈

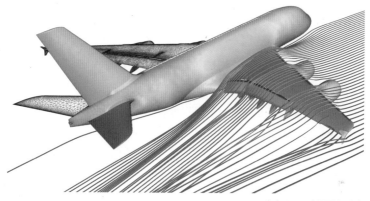

空客 A380 右翼流场分布

现给技术人员。空气都是透明的，但通过计算机技术我们能够看到空气的流动。

另外，我们还可以在计算机上对飞机进行详细的结构三维设计和零部件组装，甚至可以把供应商提供的设备数值装上去，这在以前是不可想象的。

20世纪90年代以前，设计飞机通常用手绘平面图纸，一款飞机从开始研制到能够批量交付，需要15～20年。一名飞机设计人员一辈子能参加1～2款飞机的设计就很不错了。现在有了计算机技术的辅助，一款飞机5～6年就可以做出来。

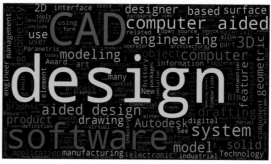

利用计算机设计和组装飞机

飞机结构的受力情况也可以以可视化的方式呈现。在计算机模拟中，颜色越鲜艳就代表这部分受力越大，我们可以通过计算结果对结构进行优化。例如，飞机起落架上有一个常见的结构，叫抗扭臂，这个结构的截面需要多大？如果应力或受力比较小，我们就可以把材料减少一点儿，飞机就可以变轻。

飞机设计还要考虑环保问题，飞机飞过时会产生噪声，一方面，噪声会影响居民生活；另一方面，噪声也是飞机的载荷。

我们都知道，声音是通过振动产生的。如果周围的环境是真空的，大家就听不到声音了。因此声音是质点的振动产生的，它也会使结构内部产生应力。所以，声音也是一种载荷，也需要关注。

从制造角度来讲，我要给出第三个关键词——复合材料。现在制造飞机时，除了常见的铝合金，先进的飞机往往会采用复合材料。复合材料这个概念其实并不新鲜，我们的祖先很早就开始使用复合材料，比如我国古代的围墙可以用稻草、秸秆和泥土制成，有的还添加了糯米浆。这实际上就是一种复合材料，稻草和秸秆是增强体[1]，泥土和糯米浆形成基体[2]。

现在航空业使用最多的复合材料是碳纤维增强复合材料。碳纤维的强度有多高呢？简单来讲，它的强度至少比普通钢材高5倍，现在最好的碳纤维强度甚至是普通钢材的9~10倍。在载荷相同的情况下，如果我们用强度高的材料去承受，飞机的重量就会减轻。并且碳纤维的密度比钢铁低很多，这样就能够使飞机更轻，载重量更大，航程更远，性能也更好。

飞机客舱地板用的是蜂窝夹芯复合材料，空客A340和A330都用了这种材料。它们的地板厚度只有5~6毫米，但我们踩在上面不会觉得地板发生了很大的变形，因为它的面板是碳纤维层合板，刚度很高。除了聚合物蜂窝（如NOMEX蜂窝）之外，有的复材结

---

1 增强体：在复合材料中主要承受外力载荷作用的组织。
2 基体：将增强体连接为整体的组织。

碳纤维层压板

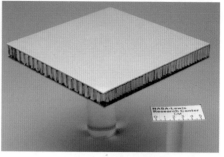

玻璃纤维增强铝合金蜂窝夹芯

构会用金属蜂窝（比如铝蜂窝）来做复合材料的夹芯。空客A380和波音787飞机都采用了大量的复合材料进行制造。

试验的重要性

飞机的设计和制造工程不能完全依靠计算机的数值计算和分析，必须通过试验来验证。

例如，在静力试验中，我们会使机翼在液压机械和计算机的控制下整体发生弯曲和扭转。试验中机翼的变形量比我们平时看到的大得多，这是为什么呢？因为技术人员要找到它的极限状态。我们还要进行机翼破坏试验，以验证它受到破坏时，载荷是否跟我们设计的一样。

除了机身和机翼之外，飞机还有起落架、液压、飞行操纵、燃油、引气、空调、氧气、电气、通信、导航等很多系统。例如，我们会对飞机的起落架进行落震试验，反复模拟飞机落地时起落架的状态。刹车也非常重要，所以我们还会在试验中测试飞机刹车装置的极限状态。

只有按照适航规范完成飞机所有结构和系统试验后，我们才能确保飞行时飞机本身不会出问题。

空客 A380 进行试验

人为因素值得重视

除了飞机本身之外，还有什么因素会影响飞行安全呢？人为因素值得高度重视。有统计数据显示，50%左右的航空事故是由人为因素造成的。

怎么样来尽量避免人为因素引发的事故？以飞机的飞行控制系统为例。现代飞机的操纵系统有两大类：一类是机械操纵系统，操纵信号为机械信号；另一类是电传操纵系统，操纵信号为电信号。两种系统都采用液压或电动方式驱动操纵面。飞机上有多个操纵面，可以控制飞机的抬头、低头、俯仰、横滚和偏航等动作。

它们的区别在哪里呢？如果采用电传操纵系统，飞行员的机械控制信号会被先转换为电信号，随后经过计算机的分析和处理。例如，A320飞机最大横滚角度是67°，如果飞机已经滚转到了67°，飞行员还在压杆，计算机就会过滤掉这个信号。

有朋友曾经问我，航展时飞机为什么要拉烟？很多人都说这是为了好看。不过，对工程技术人员来说，它还有一个很重要的作用。通过拉烟，工程技术人员可以看到飞机附近空气流动的情

苏 -35 战斗机

X-35B 验证机

况。左上图是一款比较先进的战斗机——苏-35。当苏-35做眼镜蛇机动时，上翼面的气流全部分离了。这样的极端情况下，气流怎样才能恢复正常状态呢？苏-35用了推力矢量喷管，在电传操纵系统控制下可迅速改变飞机姿态，快速恢复翼面层流。

再举个例子。右上图是F-35战斗机的前身——X-35B验证机。它是一架能够垂直起落的飞机。起飞时，尾喷管先向下偏转，前方的升力风扇打开，同时机翼上还有两个喷气口，用来控制飞机的横向平衡。在起飞的过程中飞机内部的计算机会对升力风扇和翼下喷口的推力大小进行调节，保持飞机姿态稳定。

天有不测风云

在民航领域，空客A350和A380是目前技术最先进的飞机。空客A380的最大起飞重量为560吨，而一辆家用轿车的重量只有1~1.5吨。

为了保证民航飞机的安全，现在世界上有几个适航体系。例如，中国制定了民用航空器适航管理条例，美国则有联邦航空的适航条

与鸟相撞的 F-16 战斗机

被鸟撞坏的飞机发动机

例，而欧洲主要使用欧洲飞行安全局的适航体系。人们做了这么多工作来保证飞机的安全，那么飞机运行过程中还会遇到什么问题呢？

左边两幅图是小鸟撞到飞机上引发的事故。柔弱的小鸟为什么能把飞机撞成这样？这是因为小鸟和飞机的相对速度大。设计民航飞机和军用飞机时都会考虑到这些因素，并对结构进行相应的加强。

为了应对恶劣天气（如冰雹、雷电）的影响，飞机结构会有一些特殊的设计。比如把飞机的所有金属件连接起来，形成等势体。这样，雷击电流只会从飞机的外表面流过，而不会进入飞机内部，机载设备和成员都较为安全。所以大家坐飞机遇到雷电时不用太紧张。

大气中的气流对飞行也有一定的影响。对页下图显示了在典型的下降气流中，飞机刚起飞时会遇到逆风，在中间区域遭遇下降气流，接着又进入顺风状态。夏季的强对流天气会导致飞机飞行中发生较强的颠簸，乘飞机旅行时要尽量全程系上安全带。可见气象条件对飞机的飞行也有较大的影响。

在恶劣天气降落的飞机

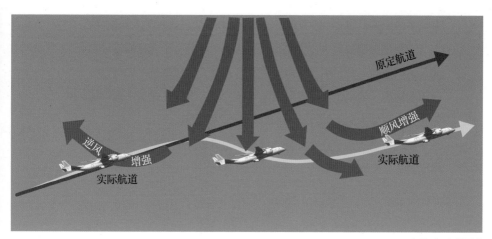

气流对飞行的影响

加强航空科普教育

与航空发达国家相比，我国的航空科普教育还需要加强。经常有旅客在值机台和工作人员理论，明明机场的天气很好，为什么飞机不能飞呢？其实原因很多，虽然起飞地机场天气好，但航路上可能有较大区域的雷暴；航路上天气好，目的地机场也可能有雷暴。夏季航班延误大都是因为天气，只是很多人不了解这个情况。

我们现在已经进入了大众航空时代，每个航空强国都非常注重航空知识普及。我们可以通过参观博物馆、参加航模运动、进行模拟飞行等活动了解航空知识。模拟飞行是一个非常好的了解航空知识的渠道，我们在家里就可以通过模拟飞行驾驶各种类型的航空器，了解航空器的系统和飞行技术。

我国的无人机产业发展也很迅速，从消费级无人机到工业无人机，再到各种大型军/民用无人机，都取得了很好的成绩。民间也有很多的无人机极客，他们自己设计无人机，自己进行无人机试飞。

在中国民用航空飞行学院，也有这么一群醉心于飞行器设计和无人机制造的老师和同学，对页上方这几架无人机都是他们自己设计和制造的。他们还设计了太阳能飞机、无人飞艇。对页下图中的无人飞艇很像大海里面的透明水母，看起来很漂亮。

无人机也有助于航空文化的普及，它可以改变我们观察世界的角度。

未来：空天飞行时代

未来的飞行会是什么样的？我和一些老师的观点类似，未来的飞行一定是空天一体的。在大气层内我们有相应的飞行器，比

无人机和无人飞艇

如货运或客运飞行器。在高速飞行器出现后，我们就会进入空天飞行时代。

我们将能够从陆地起飞，进入临近空间[1]，以高马赫数速度飞行，快速到达另一个目的地，这将极大地改变我们现在对距离的认识。

在高铁还没有出现的时候，无论去哪里我们都觉得距离很遥远，但现在有了高铁，我们是不是感觉距离缩短了？所以地球村的设想在未来的空天飞行时代也许真的会变成现实。

1　临近空间：距地面 20～100 千米的空域。

思考一下：

1. 哪些因素会影响飞机的结构安全？

2. 人们采取了哪些措施来解决飞机的结构安全问题？

3. 复合材料在飞机制造中的应用有哪些优势？

演讲时间：2018.9
扫一扫，看演讲视频

图片来源说明

4 左："天舟货运飞船模拟图" by Shujianyang is licensed under CC BY-SA 4.0 DEED.

右："天舟货运飞船（左）与天宫二号空间实验室（右）的组合体模拟图" by Jianyu Lei et al. is licensed under CC BY 4.0 DEED.

5—11 讲者供图

16 讲者供图

17 讲者供图（版权所有：中国科学院分子植物科学卓越创新中心郑慧琼研究员）

18 "The US Laboratory, also known as the Destiny module, in the International Space Station" by NASA is in the public domain.

19—30 讲者供图

32—33 "天宫空间站于2022年7月底问天实验舱对接后的构型模拟图" by Shujianyang is licensed under CC BY-SA 4.0.（图片提高了清晰度）

34 上："Tianhe CSS as seen from M.B Gonnet 02" by BugWarp is licensed under CC BY 4.0 DEED.

下："中国空间站结构图" by Shujianyang licensed under CC BY-SA 4.0 DEED.

35 "长征五号遥二火箭转场" by 篁竹水声 is licensed under CC BY 4.0 DEED.

36 讲者供图

37 右上、右下：讲者供图

38—42 讲者供图

47 左上："北京航空航天博物馆内展示的嫦娥一号月球探测器模型" by Shujianyang is licensed under CC BY-SA 4.0 DEED.

右上："北京航空航天博物馆内展示的嫦娥二号月球探测器模型" by Shujianyang is licensed under CC BY-SA 4.0 DEED.

左下："月球表面的玉兔号月球车" by Institute of High Energy Physics, Chinese Academy of Sciences is licensed under CC BY 4.0 DEED.

右下："ChangE-4, Yutu-2 (cropped)" by CSNA/Siyu Zhang/Kevin M. Gill is licensed under CC BY 2.0 DEED.

48 讲者供图

55 左："150520 Apollo 16 Moon Mountain Stone" by 名古屋太郎 is made available under CC0 DEED.

中："67775 (8) KREEP Breccia" by NASA is in the public domain.

右："Lunar sample 70017" by NASA is in the public domain.

56 "The image shows the distribution of surface ice at the Moon's south pole (left) and north pole (right)" by NASA is in the public domain.

57 "MoonLP150Q grav 150" by Mark A. Wieczorek is licensed under CC BY 2.5 DEED.（图片进行了汉化）

60—61 "Long-term missions to Mars as of 2022" by NASA is in the public domain.

64 "Area of Light-Toned Rock on Mars (35143074991)" by Kevin Gill is licensed under CC BY 2.0 DEED.

67 讲者供图

69 下："Dried out river valley network on Mars ESA19255459" by ESA/DLR/FU Berlin is licensed under CC BY-SA 3.0 IGO DEED.

70 "Centauri Montes Region of Mars, 1999 and 2005" by NASA is in the public domain.（图片进行了汉化）

71 左："Artist concept features NASA Mars Science Laboratory Curiosity rover, a mobile robot for investigating Mars. May 19th, 2011" by NASA is in the public domain.

右："Sample Analysis at Mars MSL" by NASA/GSFC/SAM is in the public domain.

72 左："ALH84001 structures" by NASA is in the public domain.

右："Binocular Microscope Image of Sample ALH 84001 Showing Carbonate Blebs" by NASA is in the public domain.

73 "Tissint meteorite (7920707976)" by paleobear is licensed under CC BY 2.0 DEED.

74 上："天问一号任务的两个候选着陆区" by Li, C., Zhang, R., Yu, D. et al. is licensed under CC BY 4.0 DEED.（图片进行了汉化）

下："The Red Planet (50144550853)" by Steve Jurvetson is licensed under CC BY 2.0 DEED.

78—79 讲者供图

80 "Fissure near Cerberus Fossae with Tectonic Morphologies" by NASA/JPL-Caltech/Univ. of Arizona is in the public domain.

81 左上："Two Generations of Windblown Sediments" by NASA/JPL-Caltech/Uarizona is in the public domain.

右上："Linear Gullies Inside Russell Crater, Mars" by NASA/JPL-Caltech/Univ. of Arizona is in the public domain.

左下："Residual water ice in Vastitas Borealis Crater" by ESA/DLR/FU Berlin (G. Neukum) is licensed under CC BY-SA 3.0 IGO DEED.

右下："Echus Chasma, nadir view" by ESA/DLR/FU Berlin (G. Neukum) is licensed under CC BY-SA 3.0 IGO DEED.

82—85 讲者供图

86 上、左下：讲者供图

右下："Morpho deidamia deidamia MHNT male dos" by Didier Descouens is licensed under CC BY-SA 4.0 DEED.

87 上："ZhurongKlettermodusOFR" by CNKI is made available under CC0 1.0 DEED.

中："ZhurongTransportOFR" by CNKI is made available under CC0 1.0 DEED.

下：讲者供图

89 右上、右下：讲者供图

左下："Aerogelflower filtered" by NASA is in the public domain.

91 左上、右上：本数据集由中国月球与深空探测工程地面应用系统处理制作，由中国

国家航天局提供（http://moon.bao.ac.cn）

中、左下、右下：讲者供图

93—97　讲者供图

102—105　讲者供图

106　"Atmosphere structure numbered" by William Crochot is licensed under CC BY-SA 4.0.（图片进行了汉化）

107　"Flight of SpaceShipTwo" by Pline is licensed under the CC BY-SA 1.0 DEED.（图片进行了汉化）

110—113　讲者供图

119　上："南水北调中线陶岔渠首" by Nsbdgc is licensed under CC BY-SA 4.0 DEED.

左下："G982 from Shenyang, entering Track 9" by N509FZ is licensed under CC BY-SA 4.0 DEED.

右下："CRH2A型动车组驶过连江县" by spamlian is licensed under CC BY 2.0 DEED.

120　上："司南" by ping lin is licensed under CC BY-SA 3.0 DEED.

中："Chinese Geomantic Compass c. 1760, National Maritime Museum" by Victoria C is licensed under CC BY-SA 4.0 DEED.

121　"Zhenghe-sailing-chart" is in the public domain.

122　上："Big Dipper & North Star above Joisey" by joiseyshowaa is licensed under CC BY-SA 2.0 DEED.

左下："Melbourne sundial at Flagstaff Gardens" by Jeepika is licensed under CC BY-SA 3.0 DEED.

右下："故宫内的日晷" by DragonSamYU is licensed under CC BY-SA 4.0 DEED.

123　"Guo Shoujing-beijing" by Shizhao is licensed under CC BY-SA 2.5 DEED.

125　上："Micrologic GPS receiver" by Fanny Schertzer is is licensed under CC BY-SA 3.0 DEED.

左下："Galileo on your pocket" by GalileoSC is licensed under CC BY-SA 4.0 DEED.

右下："Garmin eTrex30 close" by JD554 is licensed under CC BY-SA 3.0 DEED.

126—130　讲者供图

131　上："Container train crosses BAB 42" by Spielvogel is made available under CC0 DEED.

132　讲者供图

136—137　讲者供图

142　上："00 4916 Concorde of Air France" by W. Bulach is licensed under CC BY-SA 4.0 DEED.

下："Concorde v1.0" by Julien.scavini is licensed under CC BY-SA 3.0 DEED.

147　讲者供图

150—151　"DLR 2007 A380 sim hires" by DLR is licensed under CC BY-SA 3.0 de DEED.

152　"Dunhuang mural flying apsarasa" by Unknown author is in the public domain.

153　左："1915ca laminar fluegel(cropped)" by DLR is licensed under CC BY-SA 3.0 de DEED.